计算机技能大赛实战丛书

网络综合布线技术
（第2版）

何文生　丛书主编

史宪美　丛书副主编

朱志辉　丛书主审

温　晞　本书主编

陈海超　本书主审

电子工业出版社

Publishing House of Electronics Industry

北京·BEIJING

内 容 简 介

全书由总项目概述、规划与设计、安装与调试、测试与验收四个部分共二十七个任务构成，突出网络综合布线技术的学习与实践训练，通过实施和操作，完成对相关知识和技能的学习与掌握，本书最后提供两套技能大赛模拟试题供读者练习使用。

本书既可作为中等职业学校网络综合布线技术课程教材，也可供全国计算机技能大赛训练参考使用。

图书在版编目（CIP）数据

网络综合布线技术 / 温晞主编. —2 版. —北京：电子工业出版社，2011.1

（计算机技能大赛实战丛书）

ISBN 978-7-121-12694-9

Ⅰ. ①网… Ⅱ. ①温… Ⅲ. ①计算机网络—布线—技术—专业学校—教学参考资料 Ⅳ. ①TP393.03

中国版本图书馆 CIP 数据核字（2010）第 259456 号

策划编辑：关雅莉 肖博爱
责任编辑：肖博爱 特约编辑：赵树刚
印　　刷：北京虎彩文化传播有限公司
装　　订：北京虎彩文化传播有限公司
出版发行：电子工业出版社
　　　　　北京市海淀区万寿路 173 信箱　邮编　100036
开　　本：787×1 092　1/16　印张：9.75　字数：249.6 千字
版　　次：2010 年 1 月第 1 版
　　　　　2011 年 1 月第 2 版
印　　次：2023 年 6 月第 22 次印刷
定　　价：49.80 元

序言

　　自 2002 年教育部联合国家有关部门（单位）在长春举办"全国职业院校技能大赛"之后，相继在重庆、天津等地举办了数届全国性的技能大赛。2009 年在天津举办的"全国职业院校技能大赛"特点突出、成就斐然，其竞赛规格、参赛人数、项目设置和社会影响更是超过了往届，参赛选手超过了 2900 名，观摩、参与、管理和服务人员逾万人，省、地、县、校等地方各级预选赛参赛选手超过百万。参赛学校也从最初由教育部门指定参加到现在国家、省、市三个层面层层选拔，达到了教育部要求的"定期举办职业院校技能大赛，建立'校校有比赛，层层有选拔，国家有大赛'的职业院校技能竞赛序列"的要求，"普通教育有高考，职业教育有大赛"的局面在全国范围内正在形成。职业院校技能竞赛制度的设立和运行，对于引导职业院校深化教育教学改革，促进"双师"型队伍建设，实行工学结合、校企合作的人才培养模式，对于促进职业院校培养适应经济发展、产业升级、企业经营、产品更新和技术进步需要的高素质技能型、应用型人才，大幅度提高具有中国特色职业教育的社会吸引力和社会贡献率，对于在全社会弘扬"尊重劳动"、"尊重技能"、"三百六十行，行行出状元"的精神风尚，形成全社会关心、重视和支持职业教育的良好氛围，都具有十分重要的现实意义和长远意义。

　　在历届"全国职业院校技能大赛"比赛中，计算机技能大赛都是一项必不可少和十分引人注目的项目。计算机技能大赛中的题目不是虚拟的，一些数据来自真实的工作过程，让学生在实际项目中操练，技能会有很大的提高，这既让学生熟悉用人岗位的需求，也给学校指明了培养学生的方向。大赛中使用的仪器和设备都是目前企业中使用的最新设备，学生参加比赛必须事先掌握仪器和设备的使用，让学生通过大赛接触行业最先进的技术设备，这也促进学校更新实训设备，改革教学方法，为企业培养出更多实用型、技能型人才。与此同时，我们还要看到，计算机技能大赛也有一些亟待完善的方面，特别是一些专业还没有涉及，一些项目也还不够细化；理念需要进一步更新，技术有待深入研究，经验仍须广泛交流；虽然有了配套教学设备，指定了相应软件，但是也还没有相应的配套用书，各学校师生也都是在摸着石头过河、跟着感觉走路。现在，得知《计算机技能大赛实战丛书》编委会组织行业专家、院校老师和企业工程技术人员编写这样一套计算机技能大赛的参考用书，我感到很高兴。这是一种有益的尝试和探索，如果这套丛书对于广大师生有一定的参考价值，我想，这既是编者的初衷，也会对职业教育同仁研究计算机技能竞赛和探讨教育教学改革有所助益。

　　是为序。

2009 年 12 月于北京

计算机技能大赛实战丛书编委会

编写说明

随着职业教育的进一步发展，全国中等职业学校计算机技能大赛开展的如火如荼，比赛赛场成为了深化职业教育改革，引导全国职业教育发展、增强职业教育技能水平，宣传职业教育的地位和作用，展示中职学生技能风采的舞台。电子工业出版社和广东省职业技术教育学会电子信息技术专业指导委员会积极响应教育部的号召，在 2010 年推出了《计算机技能大赛实战丛书》，满足了广大中职学校参加大赛的实际需求，受到了广大备赛师生的热烈欢迎，在 2010 年推出的技能大赛实战丛书的基础之上，并根据 2010 年技能大赛比赛的变化，电子工业出版社打造 2011 年最新版《计算机技能大赛实战丛书》，本计算机技能大赛实战丛书的编委会由企业工程技术人员、高校教授、职业学校有经验的指导教练，以及各地参赛队伍的带队人员组成的。该丛书的编写特色如下：

本书定位
➢ 中职院校的教师和有一定基础的学生
➢ 培训机构的教师和有一定基础的学生

编委会组成人员
➢ 由广州大学的教授及专家组为丛书审定
➢ 由神州数码网络集团，锐捷网络公司、Autodesk 迪赛信联、广州唯康通信技术公司、福禄克公司提供设备、素材及相关建议
➢ 由在历届全国计算机技能大赛中获一等奖学生的教练主笔
➢ 全国省市技能大赛参赛队带队人员

内容安排
该套丛书从应用实战出发，首先将所需内容以各个项目实训的形式表现出来，其次对技能大赛的试题进行详细的分析和讲解，最后给出相应的模拟试题供读者练习，使读者在短时间内掌握更多有用的技术和方法，快速提高技能竞赛水平。

编写特点
在实例讲解上，本书采用了统一、新颖的编排方式，每个项目都包含"项目分析"、"任务名称"、"任务描述"、"任务实现"、"知识链接"、"项目小结"、"实训"、"备赛经验"、"比赛要求、评分标准与细则"这九个部分，循序渐进，环环相扣。其中部分项目由多个任务组成，部分关键的知识点还设置了"小贴士"，并作简单的介绍。这九个部分说明如下：
➢ 项目分析：针对该项目的设计思路、制作方法进行分析，让读者对本项目的学习内容有个整体的了解。
➢ 任务名称：列出该项目的任务名称

- ➤ 任务描述：对即将要制作的任务进行知识性的描述。
- ➤ 任务实现：详细写出项目的实现过程。
- ➤ 知识链接：针对项目中出现的一些疑难、重点知识点进行讲解。
- ➤ 项目小结：针对该项目的总结。
- ➤ 实训：针对本项目的知识点而给出的一些实战练习题目。
- ➤ 备赛经验谈：编者把自己在训练和比赛中的一些心得体会和经验教训通过文字毫无保留的贡献出来，让广大的读者能少走一些弯路，能快速吸收实战经验，迅速提高自身的竞技水平。
- ➤ 比赛要求、评分标准与细则：书中最后还给出了该比赛项目的评分标准和评分细则，使广大备赛人员对比赛的规程有一个更深入地了解，为参赛者提供全面、翔实的备赛指导。

配套立体化教学资源

光盘提供了配套的立体化教学资源，包括教学指南、电子教案、源代码、部分项目的配置文件、结果文件以及各种实验手册，以及素材库等必需的文件。

本书内容

全书由总项目概述、规划与设计、安装与调试、测试与验收四个部分共二十七个任务构成，突出网络综合布线技术的学习与实践训练，通过实施和操作，完成对相关知识和技能的学习与掌握，本书最后提供两套技能大赛模拟试题供读者练习使用。

本书既可作为中等职业学校网络综合布线技术课程教材，也可供全国计算机技能大赛训练参考使用。

本套丛书由何文生担任丛书主编，史宪美担任丛书副主编，朱志辉教授担任丛书主审，本书由广东唯康公司组编，温晞担任主编，陈广红担任副主编，陈海超主审。参加编写的成员还有杨涛、杨岚、苏炳汉、罗忠、刘斌等。由于作者水平有限，错漏之处在所难免，请广大读者批评指正。

鸣谢

真挚感谢 Autodesk 迪赛信联、神州数码网络集团、锐捷网络公司、广州唯康通信公司、福禄克公司和所有为该书提出中肯意见及提供帮助的人士。

编　者

2010 年 12 月

目　　录

目 录

总项目概述

【项目描述】

一、背景情况及总体需求描述

1. 背景情况简述

华昕公司新租赁某楼高为 25 层的大楼第 5 层（建筑面积约为 550m²，楼层平面图如图 1-1 所示）作为公司办公场所。该大楼各楼层内均设有一个弱电间供综合布线线缆敷设及端接使用。大楼综合布线主干系统已敷设完毕且正常运行，各租赁公司只需按大楼管理处要求按需接入大楼综合布线主干系统，即可经由大楼中心网络设备接入大楼网络及接入 Internet。大楼建筑物配线间设置在大楼第 3 层。

2. 公司总体需求描述

本次华昕公司需要进行楼内布线工程并最终连入大楼网络的楼层及办公室如下。

楼层：大楼第 5 层。

办公室：501~512 及前台接待区。

在综合布线系统上线缆传输的信号种类为数据信号、语音信号、图像视频信号等。

考虑到楼层办公室房间的物理分布情况及大楼综合布线主干网络目前的网络连接资源的合理优化使用，计划在公司设置一个网络汇聚中心，位于 510 房间，称之为信息处理机房。水平布线子系统和工作区子系统均使用 5e 类非屏蔽双绞线进行布线施工。信息处理机房通过六芯室内多模光纤和大对数电缆连接到大楼的综合布线主干网络，分别接入大楼的数据网络和语音网络，经由大楼网络接入 Internet。

二、布线工程需求描述

根据公司信息系统的整体规划和新建设的办公场所各房间的不同功能，按要求设置每个房间的工作区信息点数量，每个房间的各个工作区提供一个双口信息插座（分别提供数据信息点和语音信息点各一个），分别支持数据和语音信号传输。公司经由大楼提供的千兆光纤及大对数电缆接入大楼的信息化系统。

第 5 层各房间及其对应功能、信息点数量需求说明如表 1-1 所示。

图 1-1　楼层平面图

表 1-1　第 5 层各房间及其对应功能、信息点数量需求说明对照表

房间号	房间作用	人员数量	数据信息点数量	语音信息点数量
501	总经理办公室	1	1	1
502	副总经理办公室	2	2	2
503	存储事业部办公室	8	8	8
504	技术开发部办公室	6	6	6
505	软件开发部办公室	8	8	8
506	评测室/多功能会议室③		3	3
507	市场部办公室	10	10	10
508	多功能会议室②		3	3
509	系统工程部办公室	9	9	9

续表

房间号	房间作用	人员数量	数据信息点数量	语音信息点数量
510	信息处理机房	/	/	/
511	人事/财务办公室	5	5	5
512	多功能会议室①	/	3	3
前台	接待区	1	1	1

由于大楼只提供主干系统的接入点，所以需对公司内部布线系统（包括水平布线子系统和工作区子系统）进行布线敷设。

【项目分析】

一、项目施工流程分析

根据综合布线系统建设的一般流程，在项目的建设流程中，大致可对该项目按顺序分为"规划设计阶段"、"施工建设阶段"和"测试验收阶段"三个部分。它们的关系如图1-2所示。

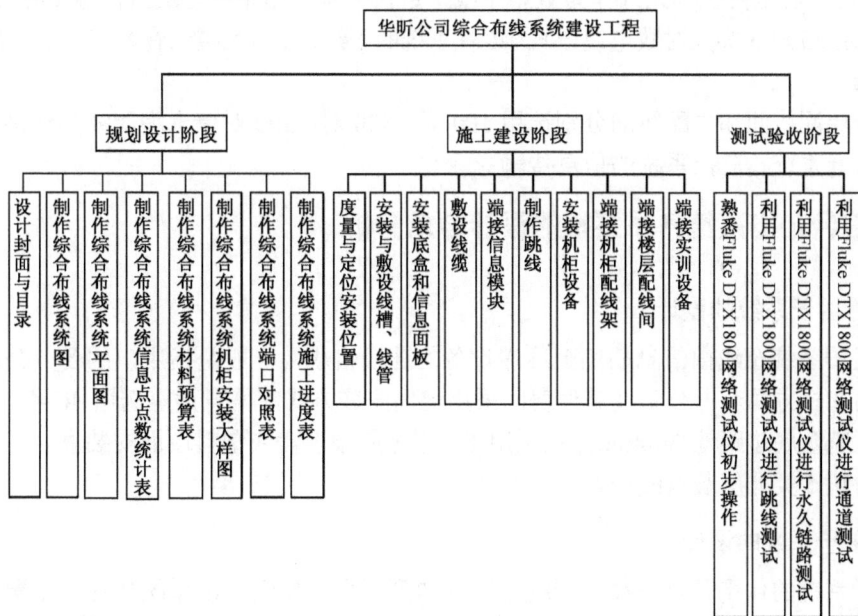

图1-2　建设流程关系

在前期"规划设计阶段"，主要完成对项目有关信息及用户需求的获取、分析和整理，从中整合出用户的具体要求，根据用户具体要求进行相关规划和设计，得出施工平面图和预算表等相关设计文件，经过反复磋商，最后由用户签字确认。

在中期"施工建设阶段"，主要根据前期做好的各种施工图纸和预算对各工作区间子系统进行综合布线施工，施工过程要严格按照相关国际、国家和行业标准进行，尽量避免因误操作而导致工程重新施工的状况出现。

在后期"测试验收阶段"，主要根据相关国际、国家和行业标准，按照前期项目设计中规定使用的各种标准，使用相关测试仪器进行综合布线系统整体测试验收。测试验收的内容包括永久链路测试、通道测试、网络设备性能测试等。各条永久链路的测试要得出相关的合格的综合测试报告。对规划设计与实际施工效果的相符性进行核对检查并把相关报告提交最终用户保存。

二、选择器件原则

根据以上需求，选用产品全面、技术成熟、性能优越的综合布线。数据系统从端到端采用全 5e 类连接硬件产品，以保证信息传输达到 100Mbps，支持数据传输、多媒体等宽带传输技术等；语音系统选用全 5e 类连接硬件产品，保证语音信号通信。

信息插座：

- 选用 5e 类信息模块，支持 100Mbps 高速数据传输。
- 选用 5e 类信息模块，支持语音传输。

水平线缆：

- 选用优质的 4 对 5e 类非屏蔽双绞电缆支持高速数据传输。
- 选用优质的 4 对 5e 类非屏蔽双绞电缆支持语音传输。

干线线缆：

- 选用六芯室内多模光纤作为数据干线，连接大楼数据系统，支持高速数据传输。
- 选用 25 对 3 类大对数电缆，作为语音系统的干线，连接大楼语音系统，支持语音传输。

配线架：

在各楼层配线间和主配线间分别选用 100 对、300 对、900 对墙上型配线架连接和管理数据系统、语音系统、监控系统的信息传输。

三、综合布线系统各子系统的设计要求分析

1. 工作区子系统的设计

工作区子系统布线由信息插座至终端设备的连线组成，一般是指用户的各办公区域。在信息插座的选择方面，办公室及其他房间采用墙面安装方式，信息插座选用 RJ-45 型插座。墙面安装插座盒底边距地 300mm，且采用 86 型金属预埋盒或塑料墙面安装盒。工作区子系统电缆采用超 5 类非屏蔽双绞线。

2. 水平子系统的设计

水平子系统的作用是将干线子系统缆路延伸到用户工作区，该系统从各个子配线间出发到达每个工作区的信息插座。水平线缆（包含语音和数据系统线路）采用超 5 类 4 对非屏蔽双绞线。它既可以在 100m 范围内保证 100Mbps 的传输速率，又可以做到语音和数据线路随意互换。过道和房间水平线缆沿房顶墙边的塑料线槽敷设。

3. 垂直干线子系统的设计

垂直干线子系统的作用是把主配线架与各分配线架连接起来。干线子系统语音线路采用 25 对 3 类大对数电缆（25 对非屏蔽双绞线），而计算机数据线路采用六芯室内多模光缆。其优点是传输损耗小、抗干扰能力强、频带较宽，可适应将来信息技术发展的要求。

垂直干线电缆（包括双绞线和光缆）沿弱电竖井中架设的金属线槽连接大楼数据系统和语音系统。

4. 分配线间、主配线间和设备间的设计

由于项目建设范围只涉及一层楼内，所以将分配线间和主配线间合并在一起。配线间中设置管理子系统，它由交连、互连配线架组成，其作用是为连接其他子系统提供连接手段，交连、互连允许将通信线路定位或重新定位到建筑物的不同部分，以便能容易地管理通信线路，使移动设备时能方便地进行跳接。

由于设备统一放置在该房间内，所以该配线间同时又是设备间。设置设备子系统，且由设备间的电缆、连接器和相关支撑硬件构成，并用于把各公共系统的不同设备分别互连起来。语音主配线架用于垂直干线电缆与由程控交换机引入的电缆相连，选用 S110 型机柜式配线架即可满足电话通信的要求，此配线架安装在标准的 19″ 机柜中。计算机信息传输用配线架选用 24 口机柜式配线架安装在标准 19″ 机柜中。为了使配线间/设备间内的设备正常运行，配线间/设备间室温应保持在 18～27℃，相对湿度保持在 30%～50%之间，通风良好，亮度适宜，配备消防设备等。

5. 综合布线系统接地

配线间/设备间房内预留接地端子，接地线与建筑共用接地系统连成一体。

项目一 规划与设计

任务一 设计封面与目录

【任务描述分析】

封面是一份好的项目设计的开始。它应该能简洁而充分地反映该项目的项目名称和项目负责人及制订日期。目录是记录章节名称、所属关系和页码等情况，按照一定的次序编排而成，是指导阅读、检索图书的工具。

通过本任务，达到两个目的：一是掌握设计封面的元素和封面所要表达的内容；二是掌握目录的元素和目录所要表达的内容。

【任务实现】

一、确定封面内容

封面一般要求包括以下内容：项目名称（工程建设的名称）、文档名称（设计资料或竣工文档等）、制作人和制作时间等。

针对本项目的要求，可归纳如下。

● 项目名称：华昕公司综合布线系统建设工程。

● 文档名称：项目规划书。

● 制作人：AAAAAAA。

● 制作时间：20YY 年 YY 月 YY 日。

二、封面制作

利用 Word 软件在页面从上而下输入：

（1）项目名称：华昕公司综合布线系统建设工程。设置字体为"宋体"，文字横排、居中对齐，字号为"50"。

（2）文档名称：项目规划书。利用竖排文本框输入文字，设置文本框的边框为"无线条颜色"，填充颜色均为"无填充颜色"，字体为"宋体"，字号为"50"。

（3）制作人：AAAAAAA。设置字体为"宋体"，文字横排、居中对齐，字号为"20"。

（4）制作时间：20YY 年 YY 月 YY 日。设置字体为"宋体"，文字横排、居中对齐，字号为"20"。

（5）页面设置及其他文字属性设置如下。

● 页边距保持默认设置。

● 行距：单倍行距。

封面制作效果如图 1-3 所示。

华昕公司综合布线系统
建设工程

项
目
规
划
书

制作人：AAAAAAA

制作时间：20YY年YY月YY日

图1-3　封面制作效果

三、确定目录内容

目录内容包括“工程建设说明”、“综合布线系统图”、“综合布线系统施工平面图”、“综合布线系统施工立面图”、“综合布线系统信息点点数统计表”、“综合布线系统材料预算表”、“综合布线系统端口对照表”、“综合布线系统机柜大样图”和“综合布线系统施工进度表”及一些其他要求制作的表格文件名称。

四、编排目录顺序

目录的编排顺序，一般按照工程建设的先后次序进行排序。例如，“综合布线系统图”在“综合布线系统施工平面图”制作之前就应该规划设计好，所以“综合布线系统图”在目录中的次序应该在“综合布线系统施工平面图”之前，以此类推。

五、整理目录页码对照

目录的次序编排好后，还需要对目录内容的具体位置进行页码确定。页码的确定主要是使用户在查找相关内容时可以进行快速定位。

六、制作目录

（1）在页面的第一行输入“目录”，设置字体为“宋体”，文字横排、居中对齐，字号为“25”。

（2）按次序每行输入一项文件名称，分别为“工程建设说明”、“综合布线系统图”、“综合布线系统施工平面图”、“综合布线系统施工立面图”、“综合布线系统信息点点数统计表”、“综合布线系统材料概预算表”、“综合布线系统端口对照表”、“综合布线系统机柜大样图”和“综合布线系统施工进度表”，设置这些文字字体均为宋体；文字横排、居中对齐；字号为20。

（3）页面设置及其他文字属性设置如下。

- 页边距保持默认设置。
- 行距：单倍行距。

（4）根据每个知识点内容页面编码编排目录的页码。

目录制作效果如图1-4所示。

目　　录

工程建设说明 1
综合布线系统图 2
综合布线系统施工平面图 3
综合布线系统信息点点数统计表 4
综合布线系统材料概预算表 5
综合布线系统端口对照表 6
综合布线系统机柜大样图 7
综合布线系统施工进度表 8

图1-4　目录制作效果

【知识链接】

利用 Microsoft Word 进行相关制作。

【任务回顾】

本任务中完成了一个基本封面的设计制作和目录制作，在操作的过程中要注意以下几点。

- 封面内容的准确性。
- 确定写上封面制作人及制作时间。往往在封面制作的过程中最容易遗漏的内容就是制作人和制作时间，但由于这两者在整个项目规划书中起到明确制作者和制作版本的作用，其内容不同很可能代表了其他不同的含义，所以必须要把这两项内容写入封面中。
- 要注意目录中各个条目的排列次序。在各个条目的排列次序上，有些内容是没有前后次序要求的，那么这些内容可以按需要进行前后排列；有些内容是有前后次序要求的，如有了平面图之后才能很好地反映点数统计表，那么平面图就应该排列在点数统计表之前，以此类推。不按次序排列各个条目会使用户在快速查找条目时遇到困难。
- 目录页面的确定与录入。如果目录中的条目数量比较多，而且在编辑整个项目规划书的过程中可能会有比较多的修改，那么最好在项目规划书最后的制作阶段再录入条目的页码。条目页码的录入可以人工录入，也可以使用 Word 软件提供的自动页码编辑功能进行（相关的设置方法请参考 Word 的相关操作说明）。

任务二　制作综合布线系统图

【任务描述分析】

综合布线系统图是把综合布线系统中要连接的各个主要元素采取施工要求的方式连接起来，图中不仅要明确综合布线中的几大子系统，还要明确线缆线路使用的类型等。

通过本任务的学习，掌握综合布线系统图的相关知识和制作方法。

【任务实现】

一、对照项目需求，明确综合布线系统中出现的子系统

在本项目描述分析中，直接涉及的综合布线系统的子系统有工作区子系统、水平子系统、垂直子系统、管理间子系统、设备间子系统。

二、从客户需求中确定线缆线路及接口模块类型

从客户需求中可以总结出使用的线缆情况：

- 4 对 5e 类非屏蔽双绞电缆（5e 类非屏蔽双绞线同时支持数据和语音传输）。
- 六芯室内多模光纤（连接大楼数据系统，支持高速数据传输）。
- 100 对 3 类大对数电缆（语音系统的干线，连接大楼语音系统）。

从客户需求中可以总结出使用的接口模块情况：

5e 类信息模块（支持工作区数据接入和语音接入）。

三、确定系统图中使用的各个图标含义

在系统图中，主要由各个图标和必要的简短文字说明整个系统线路连接的具体含义。在设计系统图的过程中，既要做到简明扼要，同时又要细致，尽量做到充分反映整体构建状况。图中的每一个图标均代表着不同的含义，所以明确每一个图标及其作用尤为重要。在设计系统图的过程中可以进行如表 1-2 所示的设定。

表 1-2　系统图使用的各种图标

图　　标	表 示 作 用	图　　标	表 示 作 用
BD	建筑物子系统	— — · — —	水平子系统线缆 5e 非屏蔽双绞线
FD	管理间子系统	· — · — · —	垂直子系统线缆 六芯室内多模光纤
D　V	工作区子系统 其中： D 5e 类信息模块，数据接口 V 5e 类信息模块，语音接口	· — · — · —	垂直子系统线缆 100 对 3 类大对数电缆
		▬▬▬▬▬	大楼外接线缆

四、制作综合布线系统图

完成前期准备工作后，就可以将相关资料汇总，利用 AutoCAD 2004 形成一个比较完整的综合布线系统图。

（1）利用 AutoCAD 2004 新建图像样板。

（2）在绘图页头输入该系统图的名称"华昕公司综合布线系统图"，设置字体为"黑体"，字号为"12 号"。

（3）利用虚线 — — — — — 模拟表示各个楼层。由于该项目中主要涉及 5 楼的建设而没有涉及其他楼层，所以在这个模拟楼层的表示中要着重表示出 5 楼的位置，而其他没有明确要求的楼层可通过"其他楼层"这样的文字加以简单表示。需要注意的是，5 楼的虚线模拟楼层有一个断裂口，主要是用该断裂口模拟表示 5 楼的竖井，所有垂直子系统的线缆均经由竖井进行楼层之间的连通。制作效果如图 1-5 所示。

（4）将上面出现的 FD、BD 和工作区子系统图标按照各自的功能放入具体的位置中。
其中要注意的是：

● ⋈FD 必须放在 5 楼的位置，因为它是该项目中服务 5 楼通信连接的中心点，座落点就位于 5 楼 510 信息处理机房。

● ⋈BD 按照项目描述中的说明，设置在第 3 层。

● ◉◉ 放在 5 楼，主要表示工作区子系统的接口模块，同时要把数据接口、语音接口及各种接口的数量表示清楚。制作效果如图 1-6 所示。

华昕公司综合布线系统图

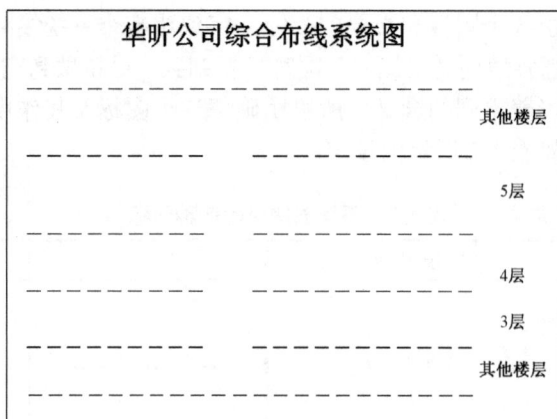

图 1-5　系统图制作效果 1

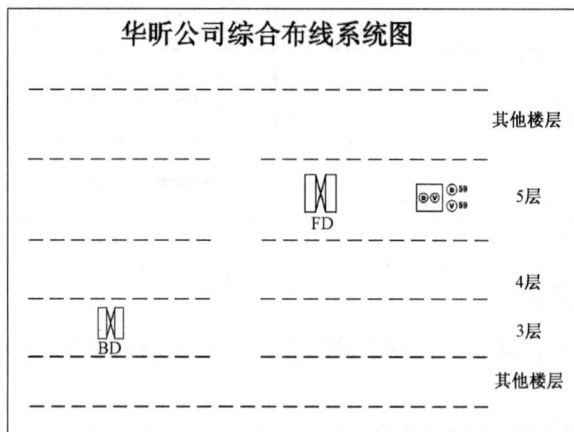

华昕公司综合布线系统图

图 1-6　系统图制作效果 2

（5）用线缆连接 BD、FD 和工作区子系统模块。

用—··—··— 表示水平子系统线缆（5eUTP），连接 FD 和工作区子系统模块。每个工作区子系统中设有两条 5eUTP，分别连接数据模块和语音模块。

用· ——·—— 表示垂直子系统线缆（六芯室内多模光纤），连接 FD 和 BD，提供数据连接。

用—·—·—·— 表示垂直子系统线缆（100 对 3 类大对数电缆），连接 FD 和 BD，提供语音连接。

用————表示大楼外接线缆，连接 BD 与 BD 之外的网络。由于项目建设描述中并没有明确说明大楼外接外部网络时用的什么方法，所以在表示该连接时，只需简单表示出有该连接，不需要特别说明是利用什么方式连接的。制作效果如图 1-7 所示。

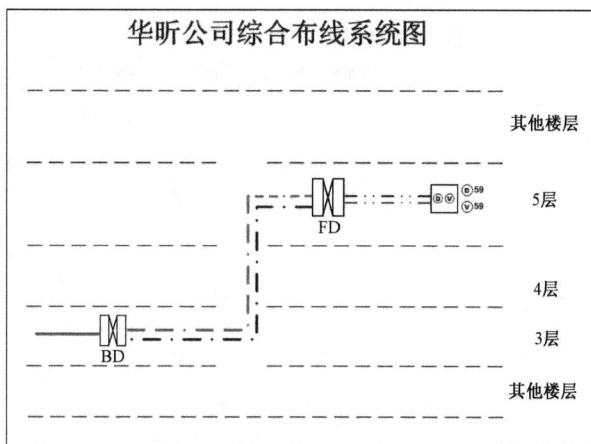

图 1-7　系统图制作效果 3

（6）在系统图中，需利用文字说明各个部分所表达的子系统概念，所以要在模拟楼层的顶部添加文字说明"建筑物子系统"、"垂直子系统"、"楼层管理间"、"水平子系统"、"工作区子系统"和"楼层说明"等。制作效果如图 1-8 所示。

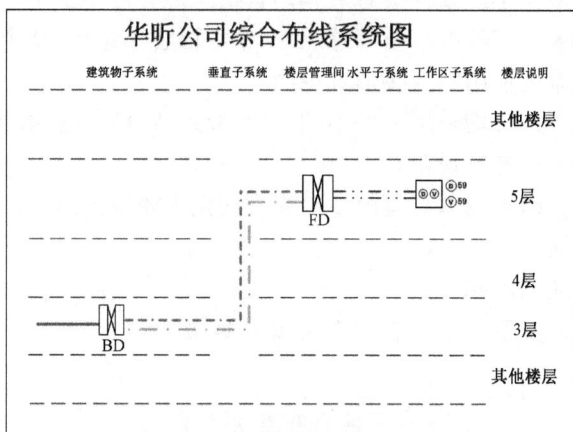

图 1-8　系统图制作效果 4

（7）添加图例说明。图 1-8 所包含的各图标的含义是需要用图例进行说明的。具体的操作是在系统图的下方建立一个图例说明区域，把系统图中各个具有代表性的图标罗列在这个区域中，再配以简短精炼的文字对其进行说明。

把 ⋈、⋈、◉◉、━··━··━等图标罗列到系统图下方的区域中，并把各图标及其对应含义按照表 1-2 简单列举，制作效果如图 1-9 所示。

五、在系统图上标注说明信息

除了以上的图例说明外，简短的文字说明也是必不可少的，例如，系统构建结构、线缆使用的根数、数据接口的数量、语音接口的数量、总接口数量等。

添加简短必要的文字说明，主要说明以下问题。

（1）该综合布线系统在系统构建的过程中使用的是何种网络拓扑结构。

输入：系统结构采用星型拓扑结构。

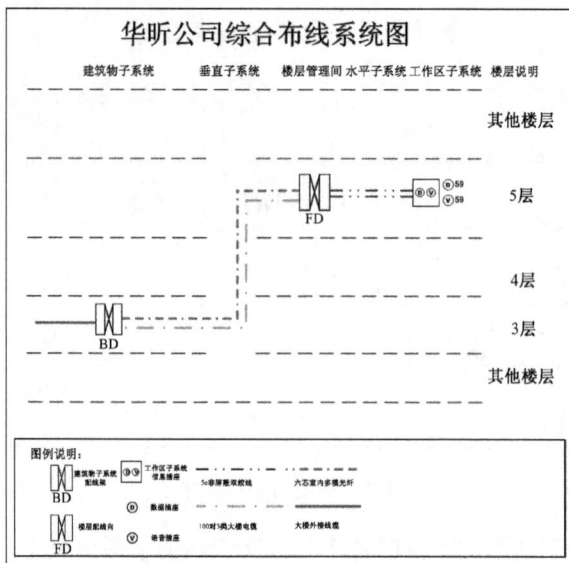

图 1-9　系统图制作效果 5

（2）信息点一共有多少个，数据信息点和语音信息点各有多少个？

输入：信息点共 118 个，其中数据信息点 59 个，语音信息点 59 个。

（3）每个工作区子系统使用的连接形式说明。

输入：每个工作区子系统均采用两条 5e 非屏蔽双绞线分别连接数据和语音信息点。

（4）垂直子系统的连接方式说明。

输入：垂直子系统线缆采用六芯室内多模光纤连接大楼数据网络；采用 100 对 3 类大对数电缆连接大楼语音网络。

（5）其他一些要说明的问题。

在系统图右下方输入文字说明，制作效果如图 1-10 所示。

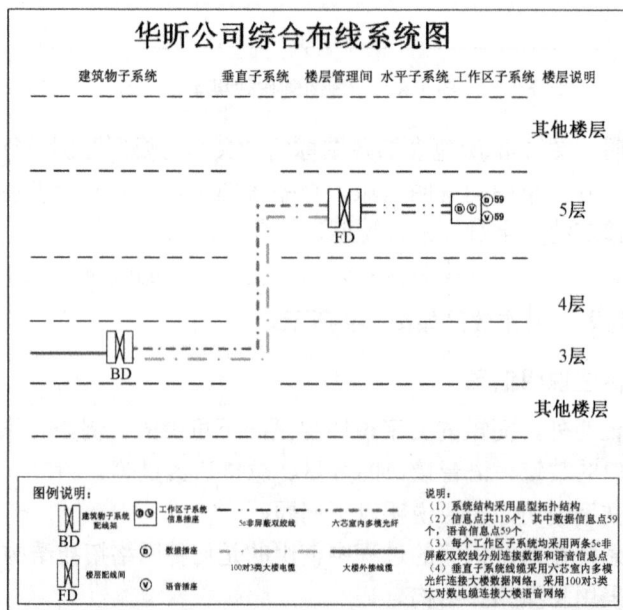

图 1-10　系统图制作效果 6

至此，综合布线系统图就已基本完成。

【知识链接】

一、综合布线系统工程各子系统的划分

根据 GB50311－2007《综合布线系统工程设计规范》国家标准规定，在综合布线系统工程设计中，按照下列 7 个部分进行：工作区子系统、配线子系统、干线子系统、设备间子系统、进线间子系统、管理间子系统和建筑群子系统。

以往的综合布线系统子系统划分中一般分为 6 个子系统，现在的 GB50311－2007《综合布线系统工程设计规范》国家标准将进线间部分单独分为一个子系统，形成独立的标准要求，使里面包含的设备和标准更具有通用性和兼容性。而水平子系统则对应新标准中的配线子系统、垂直子系统对应干线子系统。

1．建筑群子系统

建筑群子系统也称楼宇管理子系统。一个企业或某政府机关可能分散在几幢相邻建筑物或不相邻建筑物内办公。但彼此之间的语音、数据、图像和监控等系统可用传输介质和各种支持设备（硬件）连接在一起。连接各建筑物之间的传输介质和各种支持设备（硬件）组成一个建筑群综合布线系统。现今，一般采用多模光缆进行连接。

在建筑群中的子系统有管道内、直埋、架空、隧道 4 种建筑群布线方法，各种方法的特点如表 1-3 所示。

表 1-3 4 种建筑群布线方法的优缺点

方　法	优　点	缺　点
管道内	提供最佳的机构保护；任何时候都可敷设电缆挖沟；电缆的敷设、扩充和加固都很容易；保持建筑物的外貌	开管道和入孔的成本很高
直埋	提供某种程度的机构保护；保持建筑物的外貌	挖沟成本高；难以安排电缆的敷设位置；难以更换和加固
架空	如果本来就有电线杆，则成本最低	没有提供任何机械保护；灵活性差；安全性差；影响建筑物美观
隧道	保持建筑物的外貌；如果本来就有隧道，则成本最低、安全	热量或漏泄的热水可能会损坏电缆；可能被水淹没

2．工作区子系统

工作区子系统由终端设备连接到信息插座的跳线和信息插座所组成，通过插座即可以连接计算机或其他终端。工作区可支持电话机、数据终端、微型计算机、电视机、监视及控制等终端设备的设置和安装。

一个独立的工作区。通常是一部电话机和一台计算机终端设备。设计的等级为基本型、增强型、综合型。目前普遍采用增强型设计等级为语音点与数据点互换奠定了基础。

3．设备间子系统

设备间子系统是综合布线系统中为各类信息设备（如计算机网络互连设备、程控交换机等设备）提供信息管理、信息传输服务。针对计算机网络系统，它包括网络集线器设备、网络智能交换集线器及设备的连接线。它将计算机和网络设备的输出线通过主干线子系统相连接，构成系统计算机网络的重要环节。

4．管理间子系统

现在，许多大楼在综合布线时考虑在每一楼层都设立一个管理间，用来管理该层的信息点，摒弃了以往几层共享一个管理间子系统的做法，这也是布线的发展趋势。作为管理间子系统，应根据管理的信息点的多少安排使用房间的大小。如果信息点多，就应该考虑一个房间来放置；如果信息点少，就没有必要单独设立一个管理间，可选用墙上型机柜来处理该子系统。

5．干线子系统

干线子系统的任务是通过建筑物内部的传输电缆把各个服务接线间的信号传送到设备间，直到传送到最终接口，再通往外部网络。垂直干线子系统负责把各个管理间的干线连接到设备间。它必须满足当前需要的同时，又要适应今后的发展。干线子系统包括：

- 供各条干线接线间之间的电缆走线用的竖向或横向通道。
- 主设备间与计算机中心间的电缆。

6．水平子系统

水平布线是将电缆线从管理间子系统的配线间接到每一楼层的工作区的信息输入/输出（I/O）插座上。设计者要根据建筑物的结构特点，从路由（线）最短、造价最低、施工方便、布线规范等几个方面进行考虑。但由于建筑物中的管线比较多，往往要遇到一些矛盾，所以设计水平子系统时必须折中考虑，优选最佳的水平布线方案。

一般可采用3种类型：

- 直接埋管式。
- 先走吊顶内线槽，再走支管到信息出口的方式。
- 适合大开间及后打隔断的地面线槽方式。

7．进线间子系统

进线间一般设置在建筑物地下层或第一层中，实现外部缆线的引入及设置电缆和光缆交接配线设备和入口设施的技术性房间。进线间是建筑物外部通信和信息管线的入口部位，并可作为入口设施和建筑群配线设备的安装场地。

建筑群主干电缆和光缆、公用网和专用网电缆、光缆及天线馈线等室外缆线进入建筑物时，应在进线间转换成室内电缆、光缆，并在缆线的终端处可由多家电信业务经营者设置入口设施，入口设施中的配线设备应按引入的电缆、光缆容量配置。

在系统图的设计中，只需简明扼要地表示出项目整体的构建概念即可，不需要太复杂。

二、竖井的作用

洞壁直立的井状管道称为竖井，实际是一种坍陷漏斗。在平面轮廓上呈方形、长条状或不规则圆形。在综合布线系统中，垂直子系统都经由竖井进行线缆之间的连接。

【任务回顾】

在本任务中，主要完成了"综合布线系统图"的制作过程。在操作的过程中要注意以下几点。

- 系统图的制作不需要复杂。尽量用最简单的内容表示整个综合布线系统的整体连接构建方式。
- "图例说明"必不可少。由于图标在各个系统图中表示的内容可能有所区别，所以必须要在设计的系统图上标识每个图标的具体表示内容，该表示过程就是图例说明。

● "说明"必不可少。由于图例说明只能简要地说明各个元素的连接方式，而实际上的一些信息点总数、连接方式、线缆类型、数量等都需要用简要的文字进行说明。

任务三　制作综合布线系统施工平面图

【任务描述分析】

施工图是表示工程项目总体布局、建筑物的外部形状、内部布置、结构构造、内外装修、材料做法及设备、施工等要求的图样。施工图具有图纸齐全、表达准确、要求具体的特点，是进行工程施工、编制施工图预算和施工组织设计的依据，也是进行技术管理的重要技术文件。图纸是设计意图的表现，平面图主要是平面的布局。综合布线系统施工平面图是反映整个综合布线过程各个布线路由走向的一个直观表示。

通过本任务的完成，可以掌握综合布线系统施工平面图的相关知识和制作方法。

【任务实现】

一、确定在综合布线系统施工平面图中表示数据接口和语音接口的图标

（1）在 AutoCAD 2004 中，利用"圆形工具"拖动鼠标画出一个圆形图标○，若圆形图标的线条不够明显，可将其"线条粗细"设为"0.30 毫米"。

（2）双击○图标，在其文本内容中输入该图标表示的内容"D"，表示其代表数据接口，设置其字体为"Arial Black"，文字高度为"200"。制作效果为Ⓓ。

（3）按上面的方法制作内容为"V"表示语音接口的图标。制作效果为Ⓥ。

二、制作单间房间的综合布线系统平面图

在总平面图上以截取 501 室制作布线路由为例。

（1）对照项目描述要求，确定要安装的信息点数量。根据项目描述要求可以确定 501 室共有一人办公，按照需求分析每个办公点均安装一个数据接口和一个语音接口。确定数据和语音接口的安装位置并将其添加到 501 室的平面图中，制作效果如图 1-11 所示。

（2）在 AutoCAD 2004 中，利用线条工具在 501 门口下方水平方向画出一条粗细为"0.30 毫米"、颜色为"黑色"的直线，模拟楼层的水平布线子系统，制作效果如图 1-12 所示。

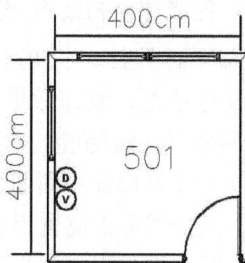

图 1-11　501 室信息点平面图 1

（3）在 AutoCAD 2004 中，利用线条工具画出一条粗细为"0.30 毫米"、颜色为"黑色"的直线，直线连接图标Ⓥ和步骤 2 画出来模拟楼层水平布线子系统的直线，制作效果如图 1-13 所示。

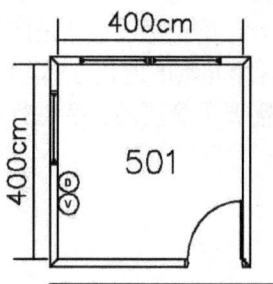

图1-12　501室信息点平面图2

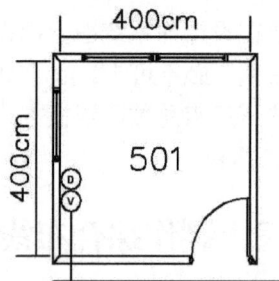

图1-13　501室信息点平面图3

（4）对步骤 3 画出来的直线进行标识。该连接线在连接水平布线子系统的过程中，包含两条链路，分别为一条连接数据接口Ⓓ和一条连接语音接口Ⓥ。为了标明这条直线代表含有两条非屏蔽双绞线（UTP）链路，用 ⚡ 加以表示，制作效果如图 1-14 所示。

至此，除了信息点编号将在后面加入外，对于 501 室的局部综合布线系统平面图就已经完成了。

三、制作 502 室的综合布线系统平面图

如上所述，重复这些方法画出 502 室的布线路由，形成局部综合布线系统平面图，制作效果如图 1-15 所示。

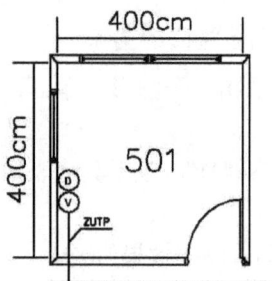

图 1-14　501 室信息点平面图 4

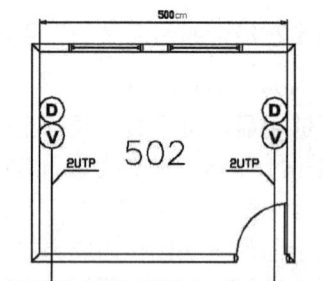

图 1-15　502 室信息点平面图

四、完成综合布线系统施工平面图

在总平面图上，对 503～512 房间按照项目描述要求画出它们的布线路由，形成综合布线系统施工平面图，制作效果如图 1-16 所示。

特别值得注意提醒的几点如下。

（1）503 室局部平面图如图 1-17 所示。

● 图中①标识位置为 503 室总的线缆数量 12 根，这个标识说明不能省略。

● 图中②标识位置为两个方向分开后的前点，该位置同样表示了后续有多少条网线通过该位置的功能，所以这个标识说明也不能省略。

● 图中③标识位置为链路的尾端位置，该位置可以加标识，说明有多少条网线通过该位置，如同③所示；也可以不再加标识，如同④所示。

（2）510 室局部平面图如图 1-18 所示。

● 如①标识位置为所有电缆归总连入 510 室网络机柜的路由位置，该位置所拥有的线缆数量应该比其他任何一个位置的电缆数量都要多，所以该位置的线条需用较粗的线条标识，以表示与其他地方的不同。另外，还需要有线缆数量的图标说明。

● 图中②、③标识位置表示电缆数相对较多的线条连接入网络机柜内。

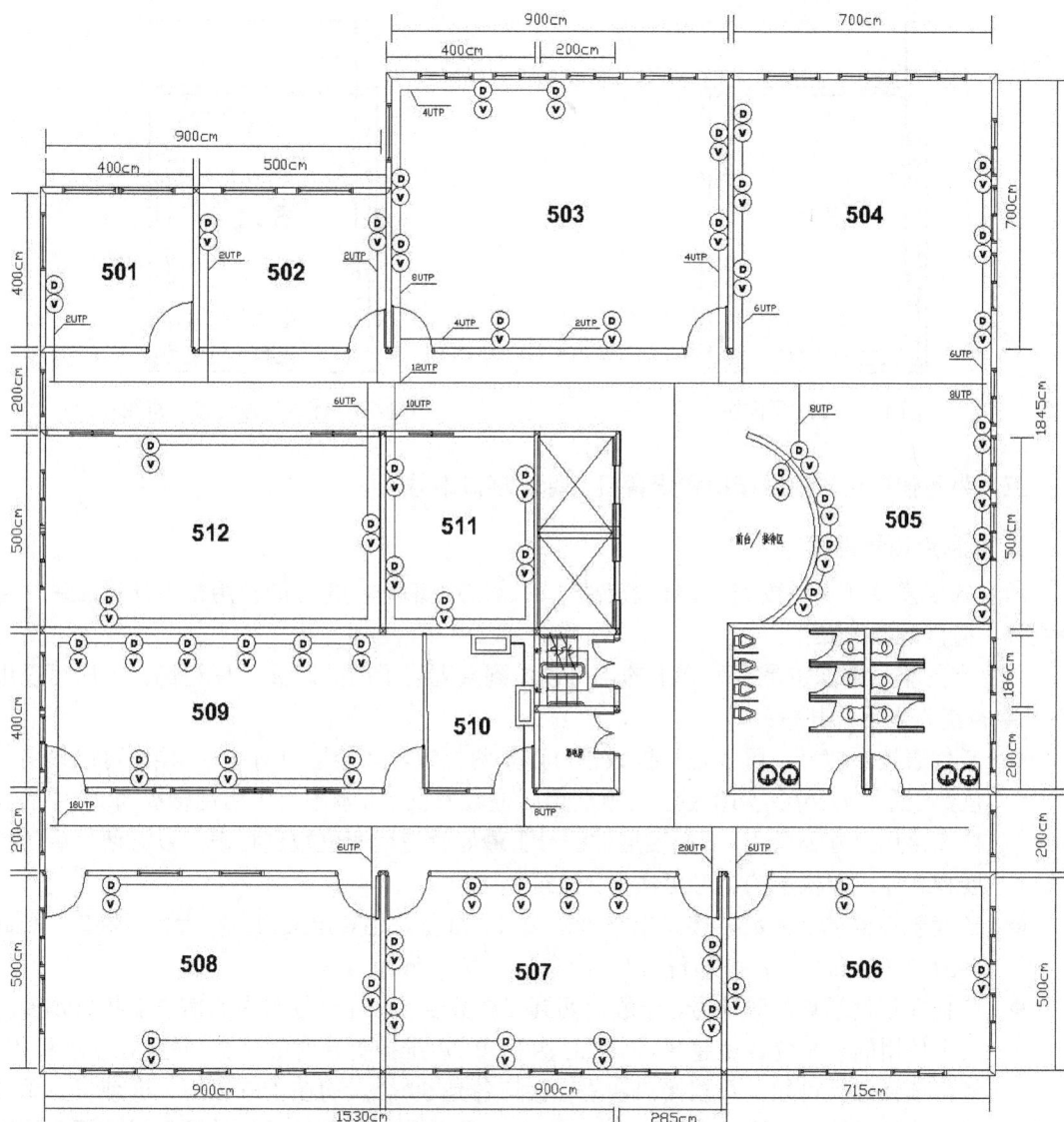

图 1-16 综合布线系统施工平面图

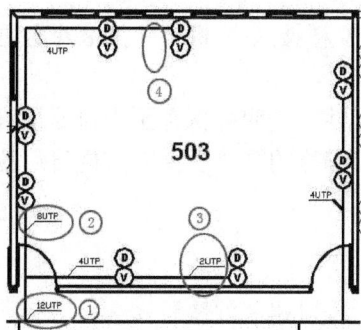

图1-17 503室局部平面图

图1-18 510室局部平面图

（3）511 室平面图如图 1-19 所示。

在各个工作区子系统接口模块连接到水平子系统线缆的过程中不能形成环路。如图 1-20 所示的①虚线位置即为错误的连接方式。

图 1-19　511 平面图

图 1-20　错误环路连接示意图

五、为各信息点的数据接口和语音接口标识接口编号

1. 信息点编号说明

所有的信息点（包括数据接口和语音接口）都必须编号，编号的作用是方便日后进行各种查询、检修等维护操作。

信息点的编号方法也是有所要求的，必须做到直观明了的同时又方便记忆。一般可以用 XYN 字符组来表示，其中：

- X 代表楼层编号，可以是一位数也可以是两位数。如楼层只有 1～9 楼则可以只用一位数表示；如楼层有 10 层以上就要用两位数来表示。本项目中租用楼高为 25 层的大楼 5 楼作为办公场所，那在楼层的编号上最好就使用两位数进行表示以方便日后的扩展和连通，即楼层的编号可命名为 05。
- Y 代表该信息点为数据接口或是语音接口。可在此将其定义为：若为数据接口，则命名为 D（Data）；若为语音接口，则命名为 V（Voice）。
- N 代表该信息点的顺序号，一般用两到三位数表示，统一范围内的信息点数量越多所要求使用的表示位数就越多，同时也要考虑以后维护更新时的可扩充性。在本项目中，经由项目分析可知，数据接口和语音接口各是 59 个，均在 100 以下，即使日后添加新的信息点接口，接口数量仍会小于 100，所以在本项目的顺序号编号时使用两位数加以表示，即 01～99。

通过以上的说明可知，如存在这样的一个信息点：5 楼接入 A 机柜的第 8 个数据信息点接口，可将其编号定义为 05AD08。

在做好上述的定义后必须对定义的方式做一个文档性的说明并保存至交付给最终用户的使用说明上，这样才能使最终用户真正了解每个信息点编号的具体含义，方便日后的各种维护操作。

2. 对 501 室的信息点进行编号

如图 1-21 所示，501 室只有一个信息点（包括数据接口和语音接口）。

根据上面对信息点编号的原则，将 501 室的数据接口命名为 05D01，在 AutoCAD 2004 中利用文字工具在 Ⓓ 旁边输入文字"05D01"，设置字体为"Arial Black"，文字高度为"200"；将 501 室的语音接口命名为 05V01，在 AutoCAD 2004 中利用文字工具在 Ⓥ 旁边输入文字"05V01"，设置字体为 "Arial Black"，文字高度为"200"。将这两个编号在平面图中标识出来，效果如图 1-22 所示。

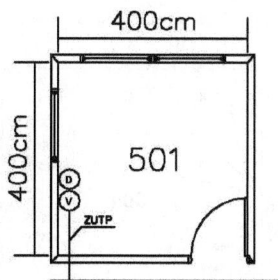

图 1-21 501 室信息点平面图

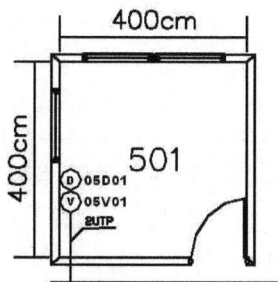

图 1-22 501 室信息点编号平面图

3. 对 502 室的信息点进行编号

信息点的编号可按房间的顺序进行排序，如图 1-23 所示。

502 室有两个信息点，所以这两个信息点的编号应该为 05D02、05D03 和 05V02、05V03。但哪个取前哪个取后呢？一般可以定义以下规则：第一按房间顺序排序，第二按房间内顺序排序。房间内顺序可按入门从左往右顺时针方向定义。按照以上定义规则，502 室入门左边的信息点中数据接口应命名为 05D02、语音接口应命名为 05V02；502 室入门右边的信息点中数据接口应命名为 05D03、语音接口应命名为 05V03。按上述方法将编号在平面图中标识出来，效果如图 1-24 所示。

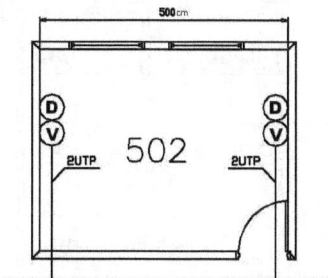

图 1-23 502 室信息点平面图

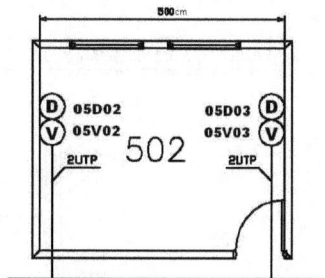

图 1-24 502 室信息点编号平面图

4. 对其余各室的信息点进行编号

按上述说明及命名规则，完成对 503～512 的各个信息点接口命名并在综合布线系统平面图上标识出来，制作效果如图 1-25 所示。

六、添加必要的图例和文字说明

在完成如图 1-25 所示的平面图设计后，基本的设计已经完成，但考虑到施工者在参考该施工图进行施工时对于各个图标的理解要保持一致，所以要对施工图进行必要的图例说明和简要的文字说明。

在平面图下方添加如图 1-26 所示的图例及说明，内容如下。

1. 图例内容

添加的图例内容包括：

- "数据接口"图例。
- "语音接口"图例。
- "网络机柜"图例。
- "线缆数量说明"图例。

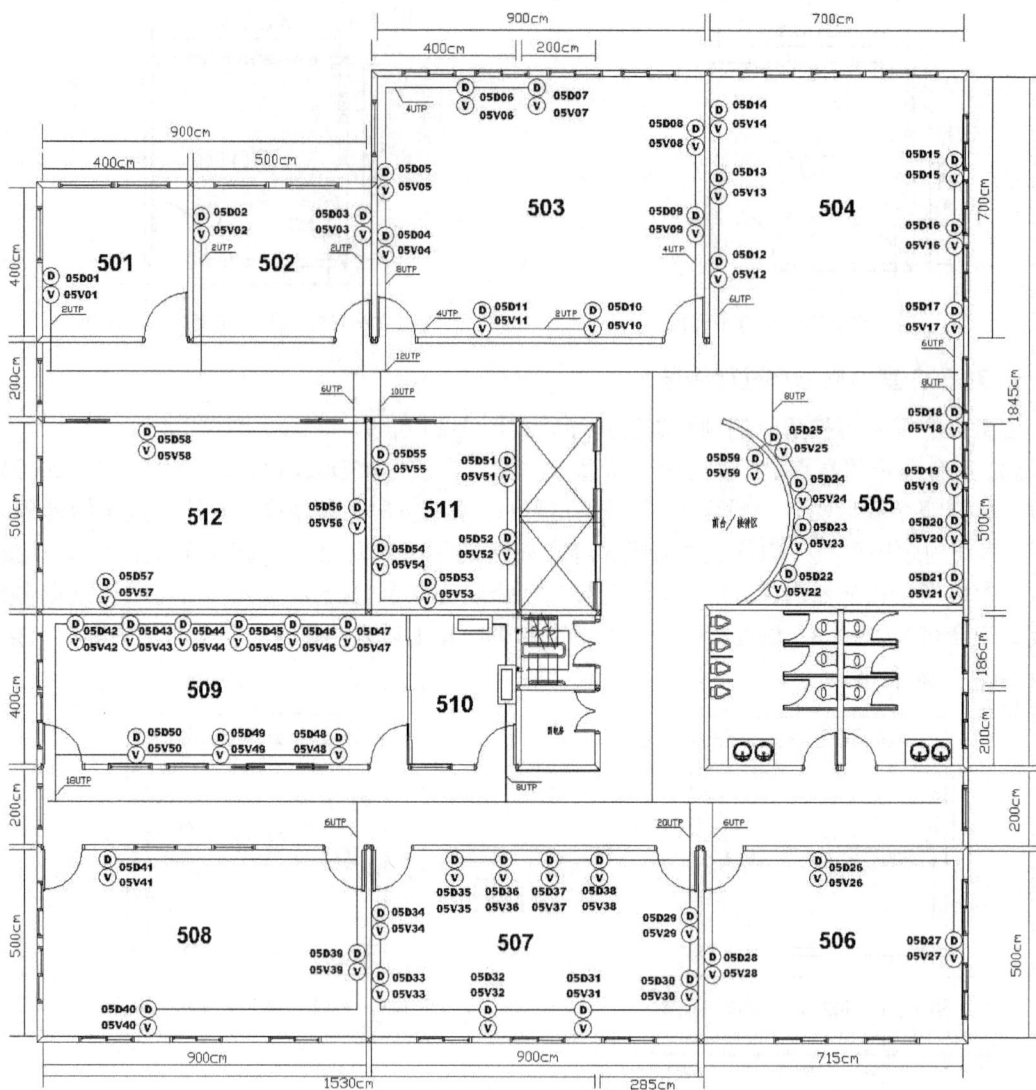

图 1-25　完成各信息点编号的平面图

2. 说明内容

添加的说明内容包括：

（1）信息点共 118 个，其中数据信息点接口 59 个，语音信息点接口 59 个。

（2）每个工作区子系统均各采用一条 5e 非屏蔽双绞线连接数据和语音信息点。

（3）垂直子系统线缆采用六芯室内多模光纤连接大楼数据网络；采用 100 对 3 类大对数电缆连接大楼语音网络。

（4）信息点编号方法说明：XYN。

X：代表楼层编号。

Y：代表该信息点为数据接口或是语音接口；数据接口为 D、语音接口为 V。

N：代表该信息点的顺序号。

（5）各信息点安装时中心离地 30cm。

3. 文字属性设置

设置各文字的字体为"黑体"，文字高度为"200"。

图例：

Ⓓ 数据接口 Ⓥ 语音接口 ▭ 网络机柜 UTP UTP线缆数量说明

说明：
（1）信息点共118个，其中数据信息点接口59个，语音信息点接口59个
（2）每个工作区子系统均各采用一条5e非屏蔽双绞线连接数据和语音信息点
（3）垂直子系统线缆采用六芯室内光纤连接大楼数据网络；采用100对3类大对数电缆连接大楼语音网络
（4）信息点编号方法说明：XYN
　X：代表楼层编号
　Y：代表该信息点为数据接口或是语音接口：数据接口为0、语音接口为V
　N：代表该信息点的顺序号
（5）各信息点安装时中心离地30cm

图1-26　图例及说明

七、添加项目名称、制作人、制作时间和平面图设计版本号信息

完成上述步骤一～步骤六后，平面图已经基本完成，但该设计可能会因为讨论或其他情况而发生改变，每改变一次应做相应修改，同时在保留原有设计底稿的情况下要与其有所区别，所以应在设计的最后阶段，加入设计的项目名称、制作人、制作时间和图纸版本等说明信息，以便日后查询及对比等。

在第六步图例说明的旁边添加如图 1-27 所示的制作信息说明，设置各文字的字体为"黑体"，文字高度为"300"。

项目名称	制作人	×××
华昕公司综合布线系统建设工程施工平面图	制作时间	××年××月××日
	图纸版本	01—01—01

图 1-27　制作信息说明

至此，综合布线系统施工平面图就完成了，最终制作效果如图 1-28 所示。

【知识链接】

标识是一种特定的符号表示，它在综合布线系统中起到了很重要的说明及指示作用。标识管理在国际上有一套特定的标准，下面简要介绍其中一种 TIA/EIA606 标准。

TIA/EIA606 标准定义了标识的要求。

一、水平链路标识格式

（1）用单个名称来标识水平链路中的所有元素。
● 配线架端口——墙装或架装。
● 线缆两端。
● 工作区面板插口。
● 集中点。
（2）简洁和实用结合。
（3）以配线架为中心。
具体标识如图 1-29 所示。

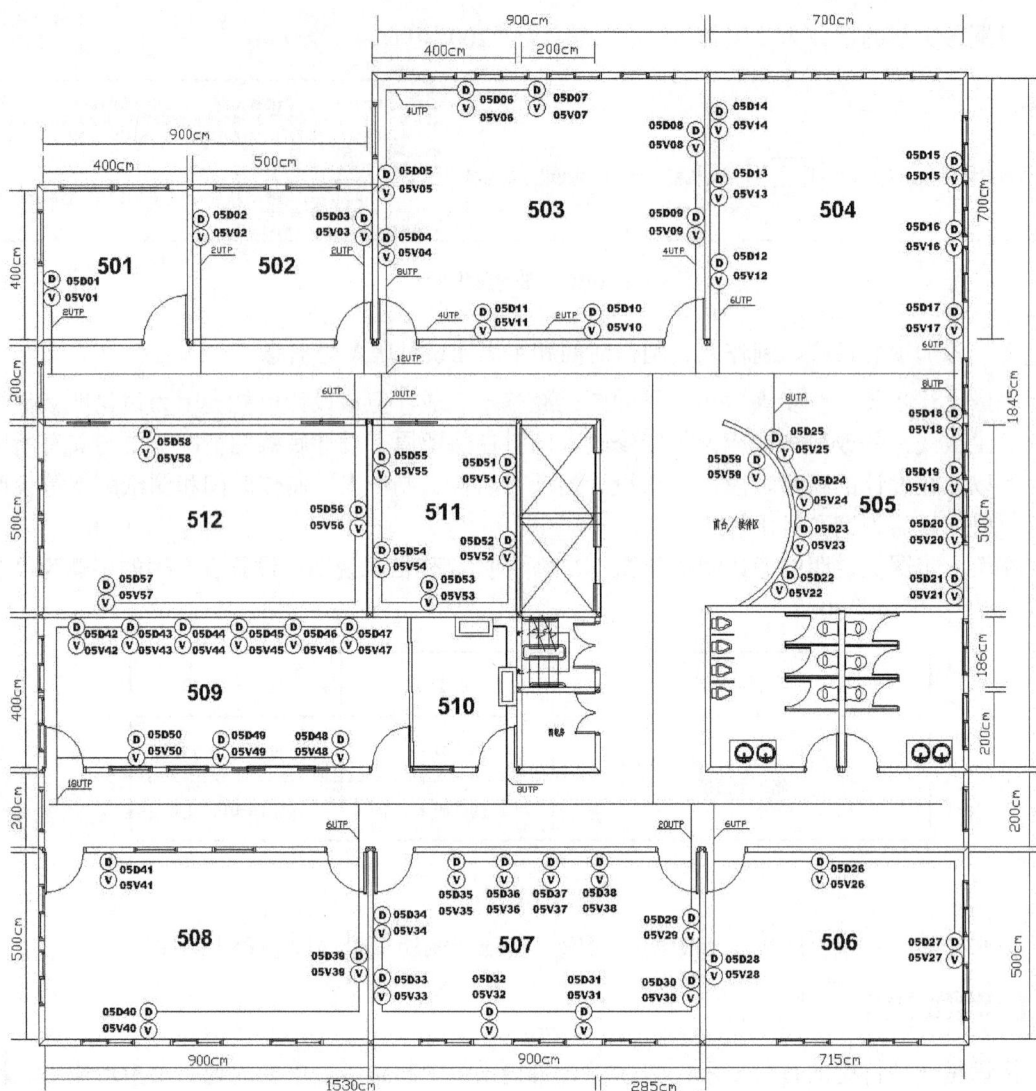

图例：

Ⓓ 数据接口　Ⓥ 语音接口　▭ 网络机柜　⎯UTP⎯ UTP线缆数量说明

说明：
（1）信息点共118个，其中数据信息点接口59个，语音信息点接口59个
（2）每个工作区子系统均采用一条5e非屏蔽双绞线连接数据和语音信息点
（3）垂直子系统线缆采用六芯室内光纤连接大楼数据网络；采用100对3类大对数电缆连接大楼语音网络
（4）信息点编号方法说明：XYN
　　　X：代表楼层编号
　　　Y：代表该信息点为数据接口或是语音接口；数据接口为0、语音接口为V
　　　N：代表该信息点的顺序号
（5）各信息点安装时中心离地30cm

项目名称	制作人	×××
华昕公司综合布线系统建设工程施工平面图	制作时间	××年××月××日
	图纸版本	01—01—01

图 1-28　综合布线系统施工平面图制作效果

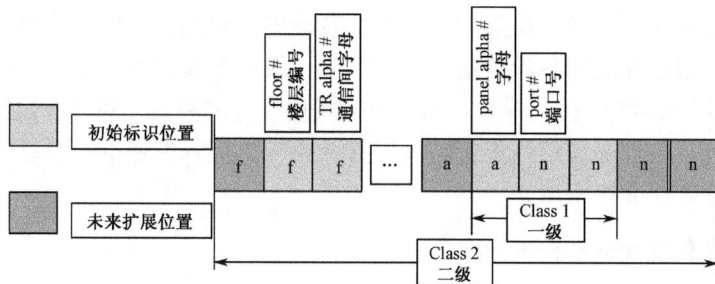

图1-29　水平链路标识格式

二、主干链路标识格式

主干链路标识格式如图 1-30 所示。

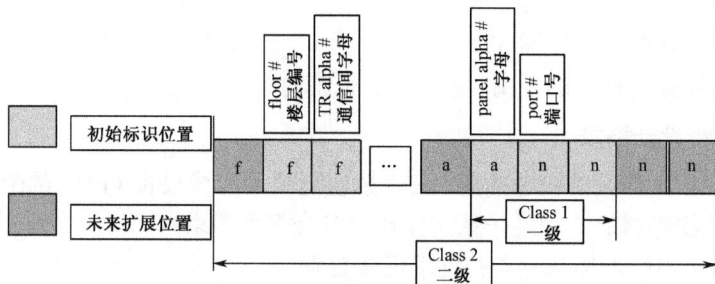

图1-30　主干链路标识格式

TIA/EIA606 标准及其详细说明请参考相关标准说明。

三、建设部 GB 50311-2007 布线系统工程设计规范

建设部于 2007 年 4 月 26 日发布了新的国家标准《综合布线系统工程设计规范》编号为 GB 50311-2007，自 2007 年 10 月 1 日起实施。

1. GB 50311 标准简介

为了适应经济建设高速发展和改革开放的社会需求，配合现代化城市建设和信息通信网向数字化、综合化、智能化方向发展，搞好建筑与建筑群的电话、数据、图文、图像等多媒体综合网络建设，修订发布了《建筑与建筑群布线系统工程设计规范》（GB 50311—2007）。

新标准的变动都追随几个主导思想：一是和国际标准接轨，还是以国际标准的技术要求为主，避免造成厂商对标准的一些误导；二是符合国家的法规政策，新标准的编制体现了国家最新的法规政策；三是很多的数据、条款的内容更贴近工程的应用，规范让大家用起来方便，不抽象，具有实用性和可操作性。

2. 系统设计

综合布线系统（GCS）应是开放式星型拓扑结构，即在系统设计时必须采用星型的拓扑结构，同时系统的各组成部分应是模块化的形式，这样有利于系统的扩展与维护。技术上要求设计方案应能支持电话、数据、图文、图像等多媒体业务的需要。设计前应做好需求分析说明书。要求设计人员能深入用户单位，了解实际情况，掌握第一手资料，从而保证方案能切合用户的实际。在需求不明的情况下必须参照标准进行。标准中详细规定了综合布线系统中配置标准较低场合的"最低配置要求"、中等配置标准场合的"基本配置要求"和配置标准较高场合的"综合配置要求"。

具体设计时的原则：方案中所选用的线缆、各种连接电缆、跳线、信息模块、线槽、线桥、暗管等应符合相应标准的各项规定，且类别应一致；配线设备、交换硬件最好选用绝缘压穿连接（IDC）或 RJ-45 卡接式模块，以适应模块化设计的需要；系统应设置中文显示的计算机信息管理系统；与外部通信网连接时，应符合相应的接入网标准；系统的组网和各段缆线的长度限值应符合标准的规定。

四、综合布线系统各子系统设计要求

1．工作区设计要求

一个独立的、需要设置终端设备的区域宜划分为一个工作区。工作区应由配线（水平）布线系统的信息插座延伸到工作站终端设备处的连接电缆及适配器组成。一个工作区的服务面积可按 $5m^2 \sim 10m^2$ 估算，或按不同的应用场合调整面积的大小。工作区设计要考虑以下几点：

- 工作区内线槽要布得合理、美观。
- 信息座要设计在距离地面 30cm 以上。
- 信息座与计算机设备的距离保持在 5m 范围内。

2．配线子系统设计要求

配线子系统应由工作区的信息插座、信息插座至楼层配线设备（FD）的配线电缆或光缆、楼层配线设备和跳线等组成。配线子系统设计应符合下列要求：

- 根据工程提出的近期和远期的终端设备要求。
- 每层需要安装的信息插座的数量及其位置。
- 终端将来可能产生移动、修改和重新安排的预测情况。
- 一次性建设或分期建设的方案。

3．干线子系统设计要求

干线子系统应由设备间的建筑物配线设备（BD）和跳线及设备间至各楼层交接间的干线电缆组成。干线子系统应选择干线电缆较短、安全和经济的路由，且宜选择带门的封闭型综合布线专用的通道敷设干线电缆，也可与弱电竖井合用。干线电缆宜采用点对点端接，也可采用分支递减端接。如果设备间与计算机房和交换机房处于不同的地点，而且需要将语音电缆连至交换机房，数据电缆连至计算机房，则宜在设计中选取不同的干线电缆或干线电缆的不同部分来分别满足语音和数据的需要。当需要时，也可采用光缆系统予以满足。缆线不应布放在电梯、供水、供气、供暖、强电等竖井中。

4．设备间子系统设计要求

设备间就是在每一幢大楼的适当地点设置电信设备、计算机网络设备及建筑物配线设备进行网络管理的场所。由综合布线系统的建筑物进线设备、电话、数据、计算机及保安配线设备宜集中设置在一间房中。必要时也可分别设置，但程控交换机及计算机主机不宜离设备间太远。

设备间内的所有总配线设备应用色标区别各类用途的配线区。设备间位置及大小应根据设备数量、规模、最佳网络中心等因素综合考虑确定。建筑物的综合布线系统与外部通信网连接时，应遵循相应的接口标准，预留安装相应接入设备的位置。

5．管理间子系统设计要求

管理间的功能主要是对设备间、交接间和工作区的配线设备、缆线、信息插座等设施按

一定的模式进行标志和记录，并宜符合下列规定：

- 规模较大的综合布线系统宜采用计算机进行管理，简单的综合布线系统宜按图纸资料进行管理，并做到记录准确、及时更新、便于查阅。
- 综合布线的每条电缆、光缆、配线设备、端接点、安装通道和安装空间均应给定唯一的标志，标志中可包括名称、颜色、编号、字符串或其他组合。
- 配线设备、缆线、信息插座等硬件均应设置不易脱落和磨损的标志，并应有详细的书面记录和图纸资料。
- 电缆和光缆的两端均应标明相同的编号。
- 设备间、交换间的配线设备宜采用统一的色标区别各类用途的配线区。配线机架应留出适当的空间，供未来扩充设备时使用。

6. 建筑群子系统设计要求

建筑群子系统应由连接各建筑物之间的综合布线缆线、建筑群配线设备（CD）和跳线等组成。建筑物之间的缆线宜采用地下管道或电缆沟的敷设方式，并应符合相关规范的规定。

建筑群和建筑物的干线电缆、主干光缆布线的交接不应多于两次，从楼层配线架（FD）到建筑群配线架（CD）之间只应通过一个建筑物配线架（BD）。

7. 进线间子系统设计要求

进线间一般设置在建筑物地下层或第一层中，是建筑物外部通信和信息管线的入口部位。建筑群主干电缆和光缆、公用网和专用网电缆、光缆及天线馈线等室外缆线进入建筑物时，应在进线间成端转换成室内电缆、光缆，并在缆线的终端处由多家电信业务经营者设置入口设施，入口设施中的配线设备应按引入的电缆和光缆的容量配置。

电信业务经营者在进线间设置安装的入口配线设备应在 BD 或 CD 之间敷设相应的连接电缆、光缆，实现路由互通。缆线类型与容量应与配线设备相一致。为了满足接入业务及多家电信业务经营者缆线接入的需求，应留有 2～4 孔的余量。

8. 电气防护、接地及防火

综合布线区域内存在的电磁干扰场强大于 3V/m 时，应采取防护措施。综合布线电缆与附近可能产生高频电磁干扰的电动机、电力变压器等电气设备之间应保持一定的间距。

【任务回顾】

在本任务中，主要完成了"综合布线系统施工平面图"的制作过程。在该施工平面图中，对于强电等布线施工并没有涉及，主要涉及的是综合布线系统路由问题。在操作过程中要注意以下几点：

- 综合布线系统施工平面图力求简单明了，能突出反映相关的各个信息点内容即可。
- 对于信息点的编号方法也不是千篇一律的，编号的规则也可根据用户需求而制订。只要统一并能较好地反映信息点的编号顺序即可。

任务四　制作综合布线系统信息点点数统计表

【任务描述分析】

工作区信息点点数统计表简称点数表，是设计和统计信息点数量的基本工具和手段。点数统计表能够准确、清楚地表示和统计出建筑物的信息点数量。

初步设计的主要工作是完成点数表。初步设计的程序是在需求分析和技术交流的基础上，先确定每个房间或者区域的信息点位置和数量，然后制作和填写点数统计表。点数统计表的做法是先按照楼层，然后按照房间或者区域逐层逐房间地规划和设计网络数据、语音信息点数，再把每个房间规划的信息点数填写到点数统计表对应的位置。每层填写完毕后，就能统计出该层的信息点数，全部楼层填写完毕后，就能统计出该建筑物的信息点数。

通过本任务的学习，可以掌握综合布线系统信息点点数统计表的相关知识和制作方法。

【任务实现】

一、掌握信息点点数统计表格式及制作方法

1. 常用信息点点数统计表格式

常用信息点点数统计表格式如图 1-31 所示。

建筑物网络综合布线系统信息点点数统计表													
楼层编号	房间或区域编号										数据点数合计	语音点数合计	信息点数合计
	01		02		03		04		……				
	数据	语音	数据	语音	数据	语音	数据	语音	数据	语音			
楼层1													
楼层2													
楼层3													
……													
合计													

图1-31　常用信息点点数统计表格式

2. 信息点点数统计表的制作方法

利用 Microsoft Excel 软件进行制作，一般常用的表格格式为房间按照列表示，楼层按照行表示。

第一行为设计项目或设计对象的名称；第二行为房间或区域名称；第三行为房间号；第四行为数据或语音类别；其余各行分别按实际情况填写每个房间的数据或语音点数量。为了直观和方便统计，一般每个房间会用两列表示，其中一列表示数据，另外一列表示语音。最后几列可分别统计数据点数合计、语音点数合计和信息点数合计。在点数统计的过程中，房间号按从小到大的次序依次从左往右排列并填写。

二、制作信息点点数统计表

参考图 1-32 所示的格式，在 Microsoft Excel 工作表里制作本项目信息点点数统计表。

1. 制作 Excel 表格格式、表名及行/列表头

（1）新建 Excel 工作表，合并 A1～AD1 单元格，输入设计项目的表名"华昕公司综合布线系统建设工程信息点点数统计表"。设置字体为"宋体"，字号为"14"，字形为"加粗"。

（2）合并 A2～A4 单元格，输入"楼层编号"。设置字体为"宋体"，字号为"12"。

（3）合并 B2～AA2 单元格，输入"房间或区域编号"。设置字体为"宋体"，字号为"12"。

（4）分别合并 B3～C3、D3～E3、F3～G3、H3～I3、J3～K3、L3～M3、N3～O3、P3～Q3、R3～S3、T3～U3、V3～W3、X3～Y3、Z3～AA3。在 13 个新合并的单元格中依次序输

入以下内容："01"～"12"和"前台"。设置字体为"宋体"，字号为"12"。

（5）分别合并 AB2～AB4、AC2～AC4、AD2～AD4 单元格，在新合并的 3 个单元格中依次序输入"数据点数合计"、"语音点数合计"和"信息点数合计"。设置字体为"宋体"，字号为"12"。

（6）在 B4、D4、F4、H4、J4、L4、N4、P4、R4、T4、V4、X4 和 Z4 单元格中输入"数据"；在 C4、E4、G4、I4、K4、M4、O4、Q4、S4、U4、W4、Y4 和 AA4 单元格中输入"语音"。设置字体为"宋体"，字号为"12"。

（7）设置 A2～AD4 单元格区域单元格格式的边框值为"外边框"和"内框"。

制作效果如图 1-32 所示。

图1-32 制作表格格式、表名、表头

2. 输入楼层编号和合计

（1）分别合并 A5～A6、A7～A8 单元格，输入"五楼"和"合计"。设置字体为"宋体"，字号为"12"。

（2）设置 A5～AD8 单元格区域单元格格式的边框值为"外边框"和"内框"。

制作效果如图 1-33 所示。

图1-33 输入楼层编号和合计

3. 设置整个表的单元格格式

全表单元格格式设置为水平居中对齐、垂直居中对齐。

三、在信息点点数统计表中录入对应信息点点数信息

对项目描述分析后可知，各房间按照所要求的信息点数量统计如下。

501：1 个数据信息点接口，1 个语音信息点接口。

502：2 个数据信息点接口，2 个语音信息点接口。

503：8 个数据信息点接口，8 个语音信息点接口。

504：6 个数据信息点接口，6 个语音信息点接口。

505：8 个数据信息点接口，8 个语音信息点接口。

506：3 个数据信息点接口，3 个语音信息点接口。

507：10 个数据信息点接口，10 个语音信息点接口。

508：3 个数据信息点接口，3 个语音信息点接口。

509：9 个数据信息点接口，9 个语音信息点接口。

510：中心机房，暂时不设置单独信息点接口，数值设置为 0。

511：5 个数据信息点接口，5 个语音信息点接口。

512：3 个数据信息点接口，3 个语音信息点接口。

前台：1 个数据信息点接口，1 个语音信息点接口。

将以上信息点统计数据填入对应的单元格中，制作效果如图 1-34 所示。

华昕公司综合布线系统建设工程信息点点数统计表

楼层编号	房间或区域编号																									前台		数据点数合计	语音点数合计	信息点数合计
	01		02		03		04		05		06		07		08		09		10		11		12							
	数据	语音	数据	语音	数据	语音	数据	语音	数据	语音	数据	语音	数据	语音	数据	语音	数据	语音	数据	语音	数据	语音	数据	语音	数据	语音			
五楼	1	1	2	2	8	8	6	6	8	8	3	3	10	10	3	3	9	9	0	0	5	5	3	3	1	1			
合计																													

图1-34　输入各房间数据与语音信息点数目

四、信息点点数统计

利用 Microsoft Excel 中的统计函数 SUM() 分别统计 5 楼"数据点数合计"和"语音点数合计"。也可同时统计各楼层对应房号的房间数据点和语音点的合计，由于本项目中只涉及 5 楼一层，所以楼层之间对应房号的信息点合计即为该层各个房号的信息点数量，合计后的效果如图 1-35 所示。

华昕公司综合布线系统建设工程信息点点数统计表

楼层编号	房间或区域编号																									前台		数据点数合计	语音点数合计	信息点数合计
	01		02		03		04		05		06		07		08		09		10		11		12							
	数据	语音	数据	语音	数据	语音	数据	语音	数据	语音	数据	语音	数据	语音	数据	语音	数据	语音	数据	语音	数据	语音	数据	语音	数据	语音			
五楼	1	1	2	2	8	8	6	6	8	8	3	3	10	10	3	3	9	9	0	0	5	5	3	3	1	1	59	59	
合计	1	1	2	2	8	8	6	6	8	8	3	3	10	10	3	3	9	9	0	0	5	5	3	3	1	1	59	59	118

图1-35　计算各合计

五、添加必要的设计信息说明

在设计的最后阶段，要在统计表的下方添加项目名称、制表人、制表时间、图表版本号等设计说明信息，以便日后的查询对比操作。

根据本项目要求，输入对应的设计信息内容。在 P10～AC12 单元格区域中按如图 1-36 所示输入文本信息并进行相关设置。

	A	B	C	D	E	F	G	H	I	J	K	L	M	N	O	P	Q	R	S	T	U	V	W	X	Y	Z	AA	AB	AC
10																		项目名称							制表人			XXX	
11																华昕公司综合布线系统建设								制表时间			XX年XX月XX日		
12																工程信息点点数统计表								图表版本号			01-01-01		

图1-36　制作信息效果

1. 文本信息

项目名称："华昕公司综合布线系统建设工程信息点点数统计表"

制表人："×××"

制表时间："××年××月××日"

图表版本号："01－01－01"（注意：版本号是根据实际情况所设置的，这里仅为示例）。

2. 文本格式

设置字体为"宋体"，字号为"12"，字形为"常规"；按制表情况设定表格边框。

至此，已经完成华昕公司综合布线系统建设工程信息点点数统计表的制作，制作效果如图 1-37 所示。

华昕公司综合布线系统建设工程信息点点数统计表

楼层编号	房间或区域编号																										数据点数合计	语音点数合计	信息点数合计
	01		02		03		04		05		06		07		08		09		10		11		12		前台				
	数据	语音	数据	语音	数据	语音	数据	语音	数据	语音	数据	语音	数据	语音	数据	语音	数据	语音	数据	语音	数据	语音	数据	语音	数据	语音			
五楼	1	1	2	2	8	8	6	6	8	8	3	3	10	10	3	3	9	9	0	0	5	5	3	3	1	1	59	59	
合计	1	1	2	2	8	8	6	6	8	8	3	3	10	10	3	3	9	9	0	0	5	5	3	3	1	1	59	59	118

项目名称	制表人	XXX
华昕公司综合布线系统建设	制表时间	XX年XX月XX日
工程信息点点数统计表	图表版本号	01-01-01

图1-37　华昕公司综合布线系统建设工程信息点点数统计表

【知识链接】

随着智能化建筑的逐步发展和普及，使整个建筑物的功能更加多样和全面。建筑物的类型大体可分为商业、文化、媒体、体育、学校、医院、住宅等。对于工作区面积的划分也应该根据应用环境和场合做具体的分析后再确定。一般建筑物设计时，网络综合布线系统工作区面积的需求可参照如表1-4所示的GB50311－2007标准进行配置。

表1-4　网络综合布线系统工作区面积需求参照表

建筑物类型及功能	工作区面积/m^2
网管中心、信息中心等终端较为密集的场地	3～5
办公区	5～10
会议、会展	10～60
商场、娱乐场所	20～60
体育场馆、候机室、公共设施区	20～100
工业生产区	60～200

每个工作区信息点数量可按用户的性质、网络构成和需求来确定。

在网络综合布线系统工程实际应用和设计中，一般按照表1-5所述面积或者区域配置来确定信息点数量。

表1-5　工作区类型及信息点安装位置、数量参照表

工作区类型和功能	安装位置	安装数量	
		数据接口	语音接口
网管中心、信息中心等终端较为密集的场地	工作台墙面或地面	1～2个/工作台	2个/工作台
集中办公区域	工作台墙面或地面	1～2个/工作台	2个/工作台
宾馆标准间	床头或写字台处墙面	1个/间	1～3个/间
学生公寓（4人间）	写字台处墙面	4个/间	4个/间
教学楼教室	讲台附近	1～2个/间	
住宅楼	书房	1个/套	2～3个/套

【任务回顾】

在本任务中，主要完成了"综合布线系统信息点点数统计表"的制作过程。在该表的统计和制作过程中，力求简单直观，能准确地反映出各个房间的信息点数量和整个建设项目中

总信息点数量的统计。该表格的制作为后面概预算表的制作打下了良好的基础。在概预算表的制作中，可根据该信息点统计表的各个数量进行材料的预算和备料。

在操作的过程中要注意以下几点：

- 为什么要对各楼层同编号的房间进行数据和语音的分类统计？
- 为什么要对楼层各类信息点进行分类统计？
- 信息点编号时的顺序也不是千篇一律的，可从左往右顺时针进行编号，同样也可以从右往左逆时针进行编号，只要整个编号的过程中规则统一即可。

任务五　制作综合布线系统材料预算表

【任务描述分析】

综合布线系统工程的概预算是对工程造价进行控制的主要依据，它包括设计概算和施工图预算。设计概算是设计文件的重要组成部分，应严格按照批准的可行性报告和其他相关文件进行编制。施工图预算则是施工图设计文件的重要组成部分，应在批准的初步设计概算范围内进行编制。

通过本任务的学习，可以掌握综合布线系统材料概预算表的制作思路和过程。

【任务实现】

一、确定预算表表头内容

预算表中应给出完成整个项目需要用到的材料预算值。在设立该表时一要考虑表中内容能充分说明完成工程需要的材料及其数量；二要充分反映每样材料的大致用途；三要能明确给出各种材料的预算值和最终总预算值，以便用户衡量及评定该预算是否合适。

在设定预算表表头内容时，一般会包含序号（方便用户定位和查找具体材料内容）、材料名称（说明需要用到的材料名称，一目了然）、材料规格/型号（同种名称的材料有不同的规格，工程中需要用到哪个规格/型号材料在此列举说明）、单价（说明该材料的单一采购价格，方便在后面预算各种材料小计）、数量（说明该种材料需要购进的数量）、单位（说明各种材料的单一采购单位，如"套"、"件"、"斤"等，不同的单位值包含的内容不一样，所以应该明确说明）、小计（说明在预算中采购该项材料共需花费的数值）、用途简述（说明该材料在整个工程中该用在哪个地方，预算表中往往拥有很多的材料项目，单靠人力是很难完全记住各种材料该用在什么地方的，所以应该在适当的地方对一些或全部材料说明它该用在什么地方，这样做也方便了后面的施工及各个步骤的操作）。

从以上说明可以得出一张最常用的预算表表头项目，如图 1-38 所示。

综合布线系统材料预算表

序号	材料名称	材料规格/型号	单价（元）	数量	单位	小计（元）	用途简述

图1-38　预算表表头项目

表头制作方法如下。

（1）合并工作表 Sheet1 的 A1～H1，输入"综合布线系统材料预算表"，设置字体为"宋体"，字号为"18"，字形为"加粗"，水平对齐为"居中"，垂直对齐为"居中"，颜色为"黑色"。

（2）在 A2～H2 单元格中按次序输入"序号"、"材料名称"、"材料规格/型号"、"单价（元）"、"数量"、"单位"、"小计（元）"和"用途简述"。

（3）设置 A2～H2 单元格格式如下。

● 对齐方式——水平对齐："居中"；垂直对齐："居中"。

● 字体："宋体"；字号："18"；字形："加粗"；颜色："黑色"。

● 边框：外边框、内部均选择；线条样式：单细实线；颜色："黑色"。

● 单元格底纹："浅灰色"。

预算表表头制作效果如图 1-39 所示。

	A	B	C	D	E	F	G	H
1	综合布线系统材料预算表							
2	序号	材料名称	材料规格/型号	单价（元）	数量	单位	小计（元）	用途简述

图1-39 预算表表头制作效果

二、阅读项目文字说明及平面施工图，获得预算表各表项

从项目说明文字和施工平面图中，能统计出完成该项目需要用到的材料包括双口信息插座（含模块）、插座底盒、超 5 类非屏蔽双绞线、PVC 线槽、配线架、理线环、网络机柜、水晶头、标签、机柜螺丝、线槽三通等。其中把终端、标签、机柜螺丝、线槽三通等零星琐碎的材料归纳为"标签等零星施工耗材或辅材"。

根据预算表的"IT 行业的预算设计方式"格式，在刚建立的 Excel 工作表中按如下步骤输入各材料信息。

（1）在 B3～B12 单元格中，按以下次序输入材料名称："双口信息插座（含模块）"、"插座底盒"、"超 5 类非屏蔽双绞线"、"线槽"、"配线架"、"100 对机柜式配线架"、"理线环"、"网络机柜"、"水晶头"和"标签等零星配件"。

（2）在 C3～C12 单元格中，按以下次序输入材料规格/型号："超 5 类 RJ-45 接口 86 系列塑料"、"明装，86 系列塑料"、"Cat 5e 4PR UTP"、"PVC，白色"、"1U，24 口超 5 类"、"110 语音配线架，1U"、"1U"、"36U"、"RJ-45"和"/"。

（3）在 D3～D12 单元格中，按以下次序输入各个材料的购买单价："60"、"1"、"750"、"3"、"1000"、"200"、"120"、"1600"、"1"和"/"。

（4）在 F3～F12 单元格中，按以下次序输入各个材料的衡量单位："套"、"个"、"箱"、"米"、"个"、"个"、"个"、"个"、"个"和"/"。

（5）在 A3～A12 单元格中，用自动填充的方法按次序填入序号 1～10。

（6）设置 A3～F12 单元格格式。

● 文本属性——字体："宋体"；字号："14"；颜色："黑色"。

● 各列文本对齐方式——A、C、D、F 列为水平居中对齐、垂直居中对齐；B 列为水平左对齐。

设计出预算表初稿如图 1-40 所示。

	A	B	C	D	E	F	G	H
1								
2	序号	材料名称	材料规格/型号	单价	数量	单位	小计	用途简述
3	1	双口信息插座（含模块）	超5类RJ-45接口 86系列塑料	60		套		
4	2	插座底盒	明装，86系列塑料	1		个		
5	3	超5类非屏蔽双绞线	Cat 5e 4PR UTP	750		箱		
6	4	线槽	PVC，白色	3		米		
7	5	配线架	1U，24口超5类	1000		个		
8	6	100对机柜式配线架	110语音配线架，1U	200		个		
9	7	理线环	1U	120		个		
10	8	网络机柜	36U	1600		个		
11	9	水晶头	RJ-45	1		个		
12	10	标签等零星配件	/	/		/		

图1-40　预算表初稿

三、自行重新检查项目需求与计算结果的差异及平面施工图，统计各材料原始数量

1. 统计预算双口信息插座（含模块）的数量

根据项目文字说明可知一共要安装信息点 118 个，现利用双口信息插座（含模块）进行安装，即需要 59 套双口信息插座（里面共含信息模块 118 个）。

2. 统计预算插座底盒的数量

每个双口信息插座对应安装一个插座底盒，根据统计出来的双口信息插座数量可知需要的插座底盒数量为 59 个。

3. 统计预算超 5 类非屏蔽双绞线的使用量

（1）计算线缆长度

根据施工平面图测量可知最远信息点 F 距离约为 32m；最近信息点 N 距离约为 14m。根据水平子系统布线距离公式 $C=[0.55(F+N)+6]×n$ 及 F、N 的值，计算 $C=[0.55(32+14)+6] ×118$ 可得出共需超 5 类非屏蔽双绞线约 3694m。

（2）换算订购双绞线箱数

电缆走线的平均长度为 $0.55(F+N)+6=0.55(32+14)+6=31.3≈32m$。

每箱电缆走线数量为每箱电缆长度除以电缆平均长度，即 305÷32=9.5（根/箱），即每箱可布电缆数为 9 根（取小于 9.5 的整数 9，即每箱双绞线能敷设连接 9 个信息点）。

所需电缆箱数为工程信息点总数量除以每箱电缆能敷设信息点数量，即 118÷9=13.11（箱），即共需电缆箱数为 14 箱（取大于 13.11 的整数 14，即要敷设 118 个信息点共需电缆箱数为 14 箱）。

4. 统计预算线槽的数量

根据施工平面图测量可知线缆的使用量约为 300m。

5. 统计预算配线架的数量

在配线架的使用上，考虑将数据和语音分别接入对应的配线架上以便日后维护，所以数

据接口部分使用配线架的数量为 59÷24=2.4583333≈3 个（配线架不可能为半个，取舍时为了满足端口端接的数量，只能取大于 2.4583333 的整数 3，即在满足实际端接需求后，还有空余未端接的端口预留。以下语音接口部分的取舍方式与之相同）；语音接口部分使用配线架的数量为 59÷24=2.4583333≈3 个。

因此，预算配线架的使用数量为 3+3=6 个。

6. 统计预算 100 对机架式配线架的数量

通过项目文字说明和分析，可知整个项目在规划时共预留语音信息点 59 个，即最大使用语音信道 59 路。每个 100 对机架式配线架可提供语音接入数为 100 路，所以 100 对机架式配线架的使用数量为 1 个。大楼或电信局的语音线路接入该 100 对机架式配线架后，通过鸭嘴跳线跳接接入对应的信息点语音接口即可。

7. 统计预算理线环的数量

理线环即理线器，在综合布线中起到整理线缆的作用。在综合布线系统中，有些品牌的配线架自带理线环，而有些需要单独配置理线环。如果需要单独配置理线环，则可以 1 对 1 的形式配置，也可以 1 对 2 的形式配置。使用数量应等于数据配线架数量加上语音配线架数量。在本项目的构建中，假设所购买的数据配线架和语音配线架均不自带理线环，同时采用 1 对 1 的配置方式，则在本项目中一共需要使用的理线环数量为 6+1=7 个。

8. 统计预算网络机柜的数量

在本项目的构建过程中，使用 36U 的网络机柜。从设备及线缆的放置及端接考虑，将配线架、理线环及后期准备购进的交换机等网络设备放置于一个网络机柜内。另外再预算购置一个 36U 的网络机柜用于放置公司购置的几台服务器等设备。所以在网络机柜的使用数量上定为两个。

9. 统计预算跳线及水晶头的数量

在本项目的构建过程中，所有工作区子系统中数据接口到用户端的跳线均手工制作，每条跳线定为 3 米。按项目文字说明描述可知共有数据信息点 59 个，所以 3 米跳线约需要 59 条，所需水晶头数量为 59×2=118 个，按预留及后备预算水晶头共需约 200 个。另外由于要制作 3 米跳线，所以使用的超 5 类非屏蔽双绞线数量需增加 3×59=177 米，约为 1 箱。

网络机柜内配线架到交换机等网络设备的跳线采用原装 1 米跳线，跳接 59 个数据信息点共需跳线 59 条，考虑日后设备之间的跳接和维护需求，暂定购置跳线 80 条。

将统计的数量及所需的网络跳线、鸭嘴跳线等项目添加到预算表中，如图 1-41 所示。

四、根据统计值和浮动空间比例，计算出预算值及表中各项目值，形成预算表雏形

可根据工程的实际情况，对各项材料实施预留浮动值，浮动比例为 5%～10% 不等。若有浮动值可对表中的值进行修改。本项目中暂不再计算浮动值。利用 Excel 的函数功能，在工作表的 G3～G14 单元格中对各材料价格进行统计。注意，G12 对应的"标签等零星配件"没有单价等信息，属于一批次购买，暂时给定一个总价即可，如 2000。各材料小计后的预算表如图 1-42 所示。

	A	B	C	D	E	F	G	H
1	综合布线系统材料预算表							
2	序号	材料名称	材料规格/型号	单价（元）	数量	单位	小计（元）	用途简述
3	1	双口信息插座（含模块）	超5类RJ45接口86系列塑料	60	59	套		
4	2	插座底盒	明装，86系列塑料	1	59	个		
5	3	超5类非屏蔽双绞线	Cat 5e 4PR UTP	750	15	箱		
6	4	线槽	PVC，白色	3	300	米		
7	5	配线架	1U，24口超5类	1000	6	个		
8	6	100对机柜式配线架	110语音配线架，1U	200	1	个		
9	7	理线环	1U	120	7	个		
10	8	网络机柜	36U	600	2	个		
11	9	水晶头	RJ45	1	200	个		
12	10	标签等零星配件	/	/	/	/		
13	11	网络跳线	超5类，原装,1m	20	80	条		
14	12	鸭嘴跳线	1对	25	20	条		

图 1-41　统计数量后的预算表

	A	B	C	D	E	F	G	H
1	综合布线系统材料预算表							
2	序号	材料名称	材料规格/型号	单价（元）	数量	单位	小计（元）	用途简述
3	1	双口信息插座（含模块）	超5类RJ45接口86系列塑料	60	59	套	3540	
4	2	插座底盒	明装，86系列塑料	1	59	个	59	
5	3	超5类非屏蔽双绞线	Cat 5e 4PR UTP	750	15	箱	11250	
6	4	线槽	PVC，白色	3	300	米	900	
7	5	配线架	1U，24口超5类	1000	6	个	6000	
8	6	100对机柜式配线架	110语音配线架，1U	200	1	个	200	
9	7	理线环	1U	120	7	个	840	
10	8	网络机柜	36U	600	2	个	3200	
11	9	水晶头	RJ45	1	200	个	200	
12	10	标签等零星配件	/	/	/	/	2000	
13	11	网络跳线	超5米，原装，1m	20	80	条	1600	
14	12	鸭嘴跳线	1对	25	20	条	500	

图 1-42　各材料小计后的预算表

注意：表中的"用途简述"按工程实际情况填写，在本任务中暂时省略不填。

五、完成预算表"合计"、"制表人"、"制作日期"等项目的制作

1. 制作"合计"项目

工程的总造价预算需要在"合计"项中体现出来。合并工作表的 A15～H15 单元格。将 G3～G14 中的数值累加后得出合计数值。

2. 制作"制表人"、"制作日期"等项目

制表人一般指制作该表的人员或组织名称，若更换了表格的制作人则在表格更新时制作人也需要做相应的修改。

制作日期一般指该表制作形成的具体日期。若该表格在制作完成后再加以修改，那么该制作日期也需要加以修改以示区别。

在 B17 单元格中输入"制表人：×××"。

在 F17 单元格中输入"制表时间：20××年××月××日"。

合计与制表人、制表时间制作效果如图 1-43 所示。

15							合计：30289	
16								
17		制表人：×××				制表时间表：20年××月××日		

图1-43　合计与制表人、制表时间制作效果

至此，综合布线系统材料预算表就完成了，整体效果如图 1-44 所示。

	A	B	C	D	E	F	G	H
1								
2	序号	材料名称	材料规格/型号	单价（元）	数量	单位	小计（元）	用途简述
3	1	双口信息插座（含模块）	超5类RJ45接口 86系列塑料	560		套	3540	
4	2	插座底盒	明装，86系列塑料	1		个	59	
5	3	超5类非屏蔽双绞线	Cat 5e 4PR UTP	750		箱	11250	
6	4	线槽	PVC，白色	3		米	900	
7	5	配线架	1U，24口超5类	1000		个	6000	
8	6	100对机柜式配线架	110语音配线架，1U	200		个	200	
9	7	理线环	1U	120		个	840	
10	8	网络机柜	36U	1600		个	3200	
11	9	水晶头	RJ45	1		个	200	
12	10	标签等零星配件	/	/		/	2000	
13	11	网络跳线	超5类，原装，1m	20		条	1600	
14	12	鸭嘴跳线	1对	25		条	500	
15							合计：30289	
16								
17		制表人：×××				制表时间表：20年××月××日		

图1-44　综合布线系统材料预算表完成效果

【知识链接】

一、水平子系统布线距离计算

先确定布线方法和走向，然后确定每个楼层配线间或二级交接间所要服务的区域，再确定离楼层配线架最近和最远的信息插座，按照可能采用的电缆路由确定最远和最近的信息插座的连接电缆走线距离。

根据平均电缆长度和电缆平均走线长度计算用线量。其中，平均电缆长度等于最远与最

近的两根电缆路由的总长除以 2；电缆平均走线长度等于平均电缆长度加上备用部分（平均电缆长度的 10%）加上端接容差 6m。而每个楼层用线量的计算公式如下：

$$C = [0.55(F + N)+6] \times n$$

式中，C——每个楼层的用线量；

$\quad\quad\quad$ F——最远的信息插座离配线间的距离；

$\quad\quad\quad$ N——最近的信息插座离配线间的距离；

$\quad\quad\quad$ n——每层楼的信息插座的数量；

$\quad\quad\quad$ 6——端接容差。

二、电缆的订购

双绞电缆是以箱为单位订购的，一箱电缆约 305m。因此订货之前，在计算出总用线量后还应将其折算为电缆箱数。特别要留意从订购的每箱内可获得的平均走线长度和走线数量。

例如，已知 200 个信息插座，平均走线长度为 25m，则要求订购的电缆长度为 200×25=5000m。现在假定采用 305m/箱的包装形式，为满足电缆需要，所需的数量似乎应该是 5000÷305=16.39，即 17 箱。但这预算方法是不正确的，因为 17 箱电缆是不可以连续布线的，每箱电缆的零头电缆部分是不够敷设的。

正确的方法是用整箱的长度除以平均走线长度，就可得出每箱的电缆走线数量，即：

每箱最大可订购长度÷电缆走线的平均长度=每箱的电缆走线数量

305÷25=12.2 根/箱

因为每个信息插座需要 1 根双绞电缆，电缆走线总数等于信息插座总数，故这里的电缆线根数/箱只能向下取整数（12），所以信息插座总数÷电缆走线根数/箱=箱数，即：

200÷12=16.7

向上取整，应订购 17 箱。虽然计算结果仍为订购 17 箱电缆，但预算方法的合理性是不一样的。当电缆订购数量越多则产生的差异就会越大。

三、材料用量计算公式

1．RJ-45 头的需求量计算公式

RJ-45 头的需求量一般用下述方式计算：

$$m=n\times4 +n\times4\times15\%$$

式中，m——RJ-45 的总需求量；

$\quad\quad\quad$ n——信息点的总量；

$\quad\quad\quad$ $n\times4\times15\%$——剩余量。

2．信息模块的需求量计算公式

信息模块的需求量一般用下述方式计算：

$$m=n+n\times3\%$$

式中，m——信息模块的总需求量；

$\quad\quad\quad$ n——信息点的总量；

$\quad\quad\quad$ $n\times3\%$——剩余量。

3．电缆需求量计算公式

电缆的计算公式有 3 种，现将 3 种方法提供给读者参考：

（1）订货总量（总长度 m）＝所需总长+所需总长×10%+n×6

式中，所需总长——n条布线电缆所需的理论长度；

　　　　所需总长×10%——备用部分；

　　　　$n×6$——端接容差。

（2）整幢楼的用线量＝$\sum NC$

式中，N——楼层数；

　　　　C——每层楼用线量。其中：

$$C=0.55×(L+S)+6] ×n$$

式中，L——本楼层离水平间最远的信息点距离；

　　　　S——本楼层离水平间最近的信息点距离；

　　　　N——本楼层的信息插座总数；

　　　　0.55——备用系数；

　　　　6——端接容差。

（3）总长度＝$A+B/2×n×3.3×1.2$

式中，A——最短信息点长度；

　　　　B——最长信息点长度；

　　　　N——楼内需要安装的信息点数；

　　　　3.3——系数3.3，将米（m）换成英尺（ft）；

　　　　1.2——余量参数（剩余量）。

$$用线箱数＝总长度/1000+1$$

　　双绞线一般以箱为单位订购，每箱双绞线长度为305 m。设计人员可用这3种算法之一来确定所需线缆长度。

4．设备间面积计算

　　对设备间的使用面积有两种方法来确定。

　　（1）面积 $S=K\Sigma S_i$　　$i=1,2,□,n$

式中，S——设备间使用的总面积，单位为m^2；

　　　　K——系数，每一个设备预占的面积，一般 K 选择5、6、7这3种（根据设备大小来选择）；

　　　　Σ——求和；

　　　　S_i——代表设备件；

　　　　i——变量（$i=1,2,\cdots,n$）。n 代表设备间内共有的设备总数。

　　（2）面积 $S=KA$

式中，S——设备间使用的总面积，单位为m^2；

　　　　K——系数，同方法一；

　　　　A——设备间所有设备的总数。

5．线槽的数量计算

　　根据施工平面图测量可知线缆的使用长度，线槽的管径（S）的计算公式为：

$$线槽的截面积＝水平线缆面积×3$$

6．配线架的数量计算

　　（1）设备间语音配线架数量的计算

　　语音干线多采用大对数电缆，语音干线的所有线对都要端接于配线架上，所以设备间中语音系统的 110 配线架的规模应按以下公式计算：

$$V = 2 \times (\frac{S_v}{F} + 1)$$

式中，V——设备间中语音配线架的数量；

　　　S_v——语音干线的线缆对数之和；

　　　F——所采用的 110 配线架的规格。如果采用 50 对 110 配线架，则取 $F=100$；其余以此类推。

按照该式计算的结果，一半用于与垂直干线的连接，一半用于与建筑群干线的连接。

（2）设备间中双绞配线架数量的计算

在目前的综合布线工程中，数据系统的配线架大多采用快接式配线架。常用的快接式配线架有 24 口、48 口和 96 口等规格。如果采用双绞线作为数据干线，设备间中的配线架相应采用快接式配线架。设备间中的快接式配线架用量按照下列公式计算：

$$D = 2 \times (\frac{S_d}{F} + 1)$$

式中，D——快接式配线架的数量；

　　　S_d——做数据干线的 4 对双绞线的根数；

　　　F——采用的快接式配线架的规格，取值方法与上式中 F 的取值方法相似。

按照该式计算的结果，一半用于与垂直干线连接，一半用于与建筑群干线连接。

（3）设备间中数据光纤配线架数量的计算

如果数据干线采用光纤，就要相应采用光纤配线架。光纤配线架的规模按照以下公式进行计算：

$$D_f = 3 \times (\frac{S_f}{F} + 1)$$

式中，D_f——光纤配线架的规模；

　　　S_f——用做数据干线的光纤的芯数之和；

　　　F——所采用的光纤配线架的规格，取值方法与上式中 F 的取值方法相似。

由于在计算楼层配线间的配线架规模时没有考虑数据干线采用光纤的情况，按照该式计算的结果中有 1/3 用于楼层配线，1/3 用于设备间中与垂直干线的连接，1/3 用于设备间中与建筑群干线的连接。

由于配线架中不能取半个，因此所得数需要取整。

7．机柜数量的计算

从设备及线缆的放置及端接考虑，将配线架、理线环及后期准备购进的交换机等网络设备放置于一个网络机柜内。每个机柜最好留点空间，以便于日后网络设备、服务器设备的扩充，在综合布线柜中有可能除了网络布线外，还有能布置电话线，所以要在机柜中留下一定空间。这可以根据具体设备进行预算。

8．跳线数量的计算

（1）管理区子系统

一般为 1M 的跳线，数量与线路数量比为 1:1。

（2）工作区子系统

一般都是每个位置一条 2M 的跳线，数量与位置数比为 1:1，然后再适度地抛出一点数量做预备。

（3）设备间子系统

数量与线路数量比为 1:1。

四、什么是鸭嘴跳线

模块化的 IDC 跳插线（俗称"鸭嘴跳线"，如 BIX-RJ45 跳插线），主要跳接 110 语音配线架和 RJ-45 模块配线架，如图 1-45 所示。

图1-45 鸭嘴跳线

【任务回顾】

在本任务中，主要完成了"综合布线系统材料预算表"的制作过程。在该表的统计和制作过程中，力求简单直观，并能准确地反映出各种材料在整个建设项目中的预算量。这个表格的制作为项目的投入经费判定打下了重要的基础。

在操作的过程中要注意以下几点：

● 在本任务中，并没有涉及项目建设中的网络设备价格。如需在综合布线的过程中购进网络设备，则只需在预算表中加入对应的设备名称及其价格，在合计中加入网络设备的购置价格即可。

● 本任务中没有涉及相关的维护费及检测费等费用。在实际工程中预算表还应包含工程中的若干费用内容（如设计费、测试费、施工费、税金等）。若按实际工程中包含各项费用预算制作预算表，则可以得出如表 1-6 所示的预算表。

表 1-6 实际工程材料预算表样表

序号	名 称	单 价	数 量	小计 （元）
1	信息插座	60 元/套	100 套	6000
2	5e UTP	700 元/箱	10 箱	7000
3	39*18PVC 线槽	7 元/米	300 米	2100
4	24 口配线架	1400 元/个	3 个	4200
5	理线环	150 元/个	3 个	450
6	螺丝、标签等			1000
7	设备总价			40000
8	设计费（5%）			2000
9	测试费（5%）			2000
10	施工费（15%）			6000
11	税金（3.41%）			1364
12	总计			72114

任务六 制作综合布线系统机柜安装大样图

【任务描述分析】

综合布线系统机柜安装大样图是安装在机柜中的各个设备的立体安装表示形式，它能在设计阶段反映出各种购置的设备在机柜中的安装情况。安装人员可根据设计人员的设计对设备及机柜进行安装。机柜安装大样图是设备在机柜中安装时的参考和依据。

完成本任务的学习，可以掌握综合布线系统机柜安装大样图制作的思路和过程。

【任务实现】

一、建立 AutoCAD 文件

在 AutoCAD 2004 中选择"文件"→"新建"命令，并以文件名"机柜大样图"保存该文件。

二、添加机柜，设定机柜大小

（1）如图 1-46 所示，在"绘图"工具栏中选择"矩形"工具。

（2）在 AutoCAD 工作页面中绘制机柜外形，如图 1-47 所示。

图1-46　形状工具栏　　　　　　　图1-47　绘制机柜外形

（3）利用文字工具标注机柜尺寸为"36U"。

设置方法：如图 1-48 所示，选择"文字工具"，在机柜顶上方单击鼠标后，输入"36U"，设置文字样式为"HORIZONTALGBCBIG"，字体为"Arial Black"，文字高度为"0.0667"。修改机柜高度属性后的效果如图 1-49 所示。

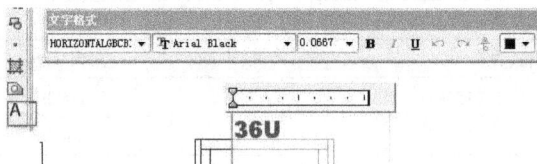

图1-48　输入文字　　　　　　　图1-49　修改机柜高度属性后

三、添加理线环

因为 AutoCAD 2004 内建的形状模板库中没有理线环的图标，所以要利用已有的图形组合制作理线环的图标。在 AutoCAD 2004 中，利用"矩形"工具和"正多边形"工具制作一个架的效果，以此作为理线环，效果如图 1-50 所示。

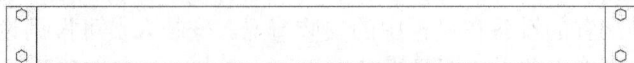

图1-50　"架"效果图

四、制作添加 100 对 110 语音配线架

自行绘制如图 1-51 所示的图形模拟 110 接口。

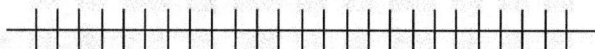

图1-51 自行绘制模拟110接口

重复制作 3 次图 1-51 的图形，共制作成 4 个，模拟 100 对大对数电缆的接口。将其和"架"叠加在一起组成如图 1-52 所示的表示 100 对 110 语音配线架的图标。

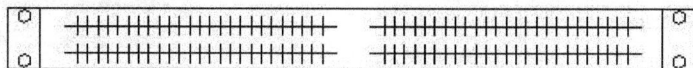

图1-52 100对110语音配线架图标

五、制作添加 24 口配线架

因为 AutoCAD 2004 内建的形状模板库内没有 24 口配线架的图标，所以暂时利用"架"进行处理后做替代。

（1）在 AutoCAD 2004 的工作页内制作如图 1-50 所示的"架"效果。

（2）利用"矩形"工具绘制如图 1-53 所示的图形，将这些单独的图形组合成如图 1-54 所示的 RJ-45 接口图标。

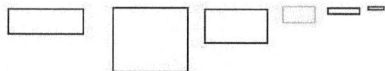

图1-53 绘制图形

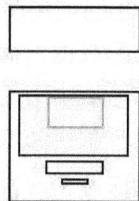

图1-54 组合成RJ-45接口图标

（3）制作 6 接口模块组。

将如图 1-54 所示的图标复制 5 份，与原图标组成一个 6 接口模块，如图 1-55 所示。

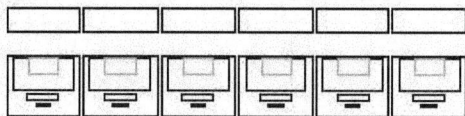

图1-55 6接口模块

（4）将 6 接口模块组和"架"组合成一个 24 口配线架，制作效果如图 1-56 所示。

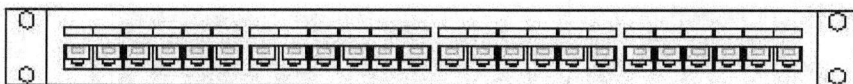

图1-56 24口配线架制作效果图

六、构建理线环和配线架组合，组建语音配线区域

从机柜由下往上第 5 个 U 开始依次放置：理线环、110 语音配线架、理线环、24 口配线架、理线环、24 口配线架、理线环、24 口配线架。机柜局部效果如图 1-57 所示。

七、构建理线环和配线架组合，组建数据配线区域

从机柜由下往上第 14 个 U 开始依次放置：理线环、24 口配线架、理线环、24 口配线架、理线环、24 口配线架。机柜放置各配线架后局部效果如图 1-58 所示。

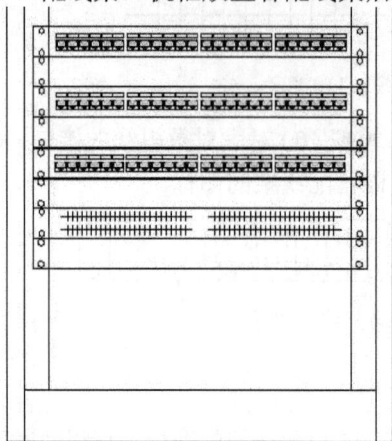

图1-57　机柜局部效果图

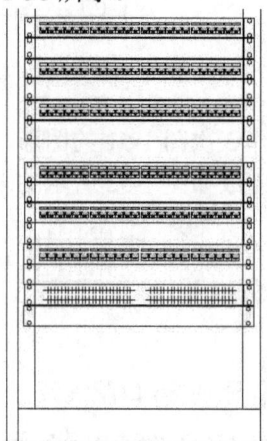

图1-58　机柜放置各配线架后局部效果图

八、为各配线架进行命名及编号

为各配线架进行命名及编号，以示区别及方便日后查找，注意，理线环不参与命名及编号。利用文字工具在机柜左侧对应各个配线架输入各自的名称，设置文字样式为"HORIZONTALGBCBIG"，字体为"黑体"，文字高度为"0.0364"。

（1）语音区域由下而上分别命名为 110 语音配线架、语音 1#、语音 2#、语音 3#。

（2）数据区域由下而上分别命名为数据配线架 1#、数据配线架 2#、数据配线架 3#。

命名及编号制作完成后的效果如图 1-59 所示。

九、添加区域高度及冗余备份空间高度说明

对于各个区域需添加必要的文字说明，说明该区域总体需要的高度为多少 U，另外机柜剩余的高度有多少 U，可作为冗余备份空间的高度有多少 U。这些都为日后的维护、扩充起到说明作用。

如图 1-60 所示在机柜的右侧添加各区域的高度说明和文字说明。

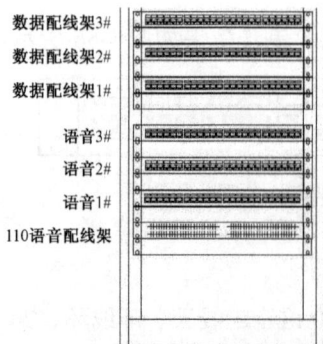

图1-59　命名及编号制作完成后的效果图

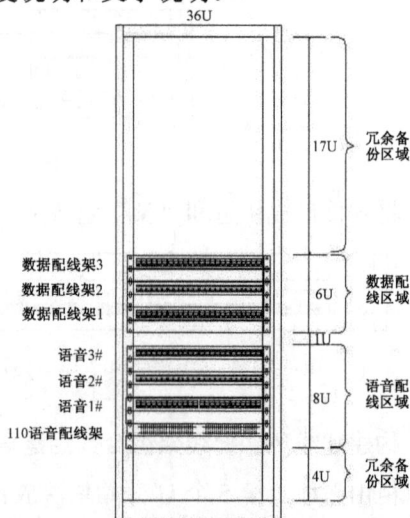

图1-60　各区域高度说明及文字说明

图 1-60 中所有文字样式均设置为"HORIZONTALGBCBIG"，字体为"黑体"，文字高度为"0.0364"。

注意：冗余备份区域主要是为日后扩充设备预留的安装空间。另外，在数据配线区域与语音配线区域之间留有 1U 的空余空间，主要是为了形象直观地区分两个区域的空间范围。一般在交换机、路由器等设备之间也会留有 1/3U 到 1U 的空余空间，这样做的目的主要是为了保留适当的空间使设备散热。

十、添加图例及文字说明

在机柜大样图上，各个图标的含义都是需要说明的，最好的方法就是设置图例及文字说明。在上面所建立的机柜大样图的右侧将各个图标抽取出来建立一个图例说明区域，如图 1-61 所示。

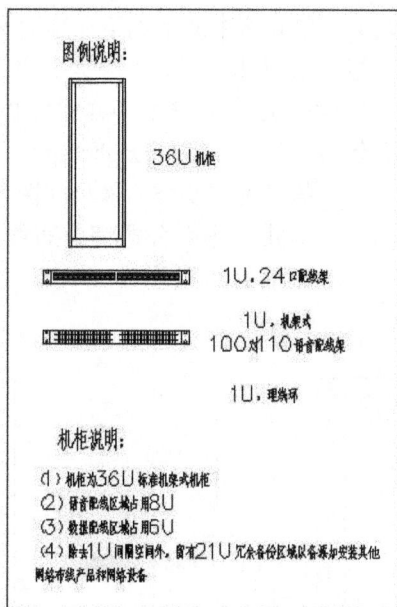

图1-61　图例说明

其中，机柜说明文字如下。

机柜说明：

（1）机柜为 36U 标准机架式机柜。

（2）语音配线区域占用 8U。

（3）数据配线区域占用 6U。

（4）除去 1U 间隔空间外，留有 21U 冗余备份区域以备添加安装其他网络布线产品和网络设备。

其中，设置文字样式为"HORIZONTALGBCBIG"，字体为"黑体"，文字高度为"0.0364"。

十一、添加设计制作人、制作时间及版本信息

（1）利用 AutoCAD 2004 中的矩形和直线工具可以简单地制作一个"制作信息表"，如图 1-62 所示。

（2）在"制作信息表"第 1 列的 4 个单元格中从上到下分别输入"项目名称"、"制图人"、"制图时间"和"图表版本号"，设置文字样式为"HORIZONTALGBCBIG"，字体为"System:

txt.shx,gbcbig", 文字高度为"0.0800", 效果如图 1-63 所示。

图1-62　添加工作表效果

图1-63　合并单元格及设置边框后效果

图1-64　信息说明

（3）输入信息表实际内容。在"制作信息表"第2列的4个单元格中从上到下分别输入"华昕公司综合布线系统机柜安装大样图"、"×××"、"××年××月××日"、"01-01-02", 设置文字样式为"HORIZONTALGBCBIG", 字体为"System:txt.shx,gbcbig", 文字高度为"0.0600"。

信息说明制作后效果如图 1-64 所示。

至此，华昕公司综合布线系统机柜安装大样图就完成了，如图 1-65 所示。

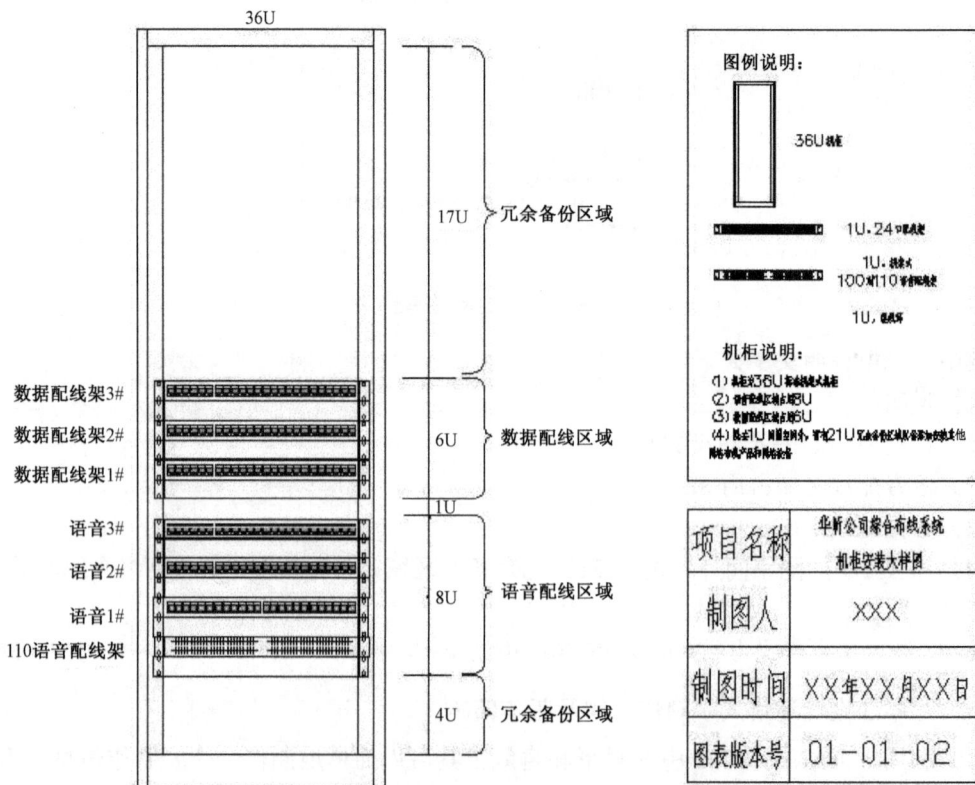

图 1-65　华昕公司综合布线系统机柜安装大样图

【知识链接】

在机柜安装大样图的制作过程中，往往有许多设备的图标在 AutoCAD 中是不具备的，用户可以从网上下载相关的 AutoCAD 网络设备图库，直接调用相关的设备图标进行设计即可，这么做既可以免除制作图标的麻烦步骤，也可以保持设备图标的一致性和增加整体设计的美观度，如图 1-66 所示。

（1）2620 路由器

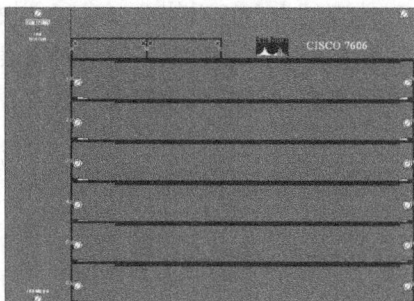

（2）7606 路由器

（3）3550 系列交换机

图1-66　设备图标

【任务回顾】

在本任务中，主要完成了"综合布线系统机柜安装大样图"的制作过程。在该图的制作过程中，力求简单直观，并能准确地表达出在机柜中安装的各种综合布线产品和它们各自的安装次序及所占空间。该大样图的制作为后续施工人员安装机柜设备提供了极其重要的参照依据。

在制作机柜安装大样图的过程中要注意以下几点：

● 在大样图的制作过程中，要注意安装在机柜内的各种设备所占空间的大小，注意它们的比例。

● 在本任务的大样图制作中，并没有涉及交换机、路由器这些网络设备的安装设计，若实际操作中涉及了这些设备，则应该将它们加入到机柜中。

● 各种设备的安装次序不是千篇一律的，主要的原则如下。

➢ 要归类安装各种设备，以便日后的查找及维护。

➢ 各类设备之间要留有安装余地，一是为了散热的需要，二是为日后添加设备而适当地留出空间。

- 体积较大和重量较重的设备可设计并安装在机柜的较低位置，以保持整个机柜的重心及保护设备的安全。

任务七　制作综合布线系统端口对照表

【任务描述分析】

综合布线系统端口对照表是一张记录端口编号信息与其所在位置的对应关系的二维表。它是网络管理人员在日常维护和检查综合布线系统端口过程中快速查找和定位端口的依据。综合布线系统端口对照表可分为机柜配线架端口标签编号对照表和端口标签号位置对照表，前者表示机柜配线架各个端口和信息点编号的对应关系，后者表示信息点编号和其物理位置的关系。

完成本任务的学习，可以掌握综合布线系统端口对照表制作的思路和过程。

【任务实现】

加个图标制作机柜配线架端口标签编号对照表。

一、制作表名

新建 Excel 工作簿，在 Sheet1 工作表中合并 A1～Y1 单元格。输入表名“机柜配线架端口标签编号对照表”，设置字体为“宋体”，字号为“18”，字形为“加粗”，单元格设置水平对齐方式为“居中对齐”。

表名制作效果如图 1-67 所示。

	A	B	C	D	E	F	G	H	I	J	K	L	M	N	O	P	Q	R	S	T	U	V	W	X	Y
1	**机柜配线架端口标签编号对照表**																								
2																									

图1-67　表名制作效果

二、制作表头

（1）在 A5 单元格中输入“端口编号”，在 A6 单元格中输入“标签号”。设置字体为“宋体”，字号为“12”，字形为“加粗”。

（2）在 B5～Y5 单元格中依次输入 1～24，设置字体为“宋体”，字号为“12”，字形为“加粗”。每个数字代表配线架上一个端口的编号。

（3）设置 A5、A6 及 B5～Y5 单元格的单元格格式图案为“浅灰色”，单元格水平对齐方式为“居中对齐”，垂直对齐方式为“居中对齐”。

（4）设置 A5～Y6 区域的单元格格式→边框→外边框和内部具有细线条。

表头制作效果如图 1-68 所示。

	A	B	C	D	E	F	G	H	I	J	K	L	M	N	O	P	Q	R	S	T	U	V	W	X	Y
1	**机柜配线架端口标签编号对照表**																								
2																									
3																									
4																									
5	**端口编号**	**1**	**2**	**3**	**4**	**5**	**6**	**7**	**8**	**9**	**10**	**11**	**12**	**13**	**14**	**15**	**16**	**17**	**18**	**19**	**20**	**21**	**22**	**23**	**24**
6	**标签号**																								

图1-68　表头制作效果

三、制作各配线架的表格区域

按机柜内配线架数量制作 6 个表格区域，按语音区域配线架在下、数据区域配线架在上，各个区域内的配线架编号从下往上依次增加的原则为各个表格区域命名。在 A4 单元格中输入“数据配线架 3#”；在 A9 单元格中输入“数据配线架 2#”；在 A14 单元格中输入“数据配线架 1#”；在 A19 单元格中输入“语音 3#”；在 A24 单元格中输入“语音 2#”；在 A29 单元格中输入“语音 1#”。设置字体为“宋体”，字号为“12”，上述各个单元格的水平对齐方式为“居中对齐”，垂直对齐方式为“居中对齐”。模拟各配线架表格区域制作效果如图 1-69 所示。

	A	B	C	D	E	F	G	H	I	J	K	L	M	N	O	P	Q	R	S	T	U	V	W	X	Y
1	机柜配线架端口标签编号对照表																								
2																									
3																									
4	数据配线架3#																								
5	端口编号	1	2	3	4	5	6	7	8	9	10	11	12	13	14	15	16	17	18	19	20	21	22	23	24
6	标签号																								
7																									
8																									
9	数据配线架2#																								
10	端口编号	1	2	3	4	5	6	7	8	9	10	11	12	13	14	15	16	17	18	19	20	21	22	23	24
11	标签号																								
12																									
13																									
14	数据配线架1#																								
15	端口编号	1	2	3	4	5	6	7	8	9	10	11	12	13	14	15	16	17	18	19	20	21	22	23	24
16	标签号																								
17																									
18																									
19	语音3#																								
20	端口编号	1	2	3	4	5	6	7	8	9	10	11	12	13	14	15	16	17	18	19	20	21	22	23	24
21	标签号																								
22																									
23																									
24	语音2#																								
25	端口编号	1	2	3	4	5	6	7	8	9	10	11	12	13	14	15	16	17	18	19	20	21	22	23	24
26	标签号																								
27																									
28																									
29	语音1#																								
30	端口编号	1	2	3	4	5	6	7	8	9	10	11	12	13	14	15	16	17	18	19	20	21	22	23	24
31	标签号																								

图1-69　模拟各配线架表格区域制作效果

四、为各个信息点标签编号编排位置

- 在 B31～Y31 单元格中依次序输入 05V01～05V24。
- 在 B26～Y26 单元格中依次序输入 05V25～05V48。
- 在 B21～L21 单元格中依次序输入 05V49～05V59。
- 在 B16～Y16 单元格中依次序输入 05D01～05D24。
- 在 B11～Y11 单元格中依次序输入 05D25～05D48。
- 在 B6～L6 单元格中依次序输入 05D49～05D59。

信息点标签编号编排制作效果如图 1-70 所示。

	A	B	C	D	E	F	G	H	I	J	K	L	M	N	O	P	Q	R	S	T	U	V	W	X	Y
1	机柜配线架端口标签编号对照表																								
2																									
3																									
4	数据配线架3#																								
5	端口编号	1	2	3	4	5	6	7	8	9	10	11	12	13	14	15	16	17	18	19	20	21	22	23	24
6	标签号	05D49	05D50	05D51	05D52	05D53	05D54	05D55	05D56	05D57	05D58	05D59													
7																									
8																									
9	数据配线架2#																								
10	端口编号	1	2	3	4	5	6	7	8	9	10	11	12	13	14	15	16	17	18	19	20	21	22	23	24
11	标签号	05D25	05D26	05D27	05D28	05D29	05D30	05D31	05D32	05D33	05D34	05D35	05D36	05D37	05D38	05D39	05D40	05D41	05D42	05D43	05D44	05D45	05D46	05D47	05D48
12																									
13																									
14	数据配线架1#																								
15	端口编号	1	2	3	4	5	6	7	8	9	10	11	12	13	14	15	16	17	18	19	20	21	22	23	24
16	标签号	05D01	05D02	05D03	05D04	05D05	05D06	05D07	05D08	05D09	05D10	05D11	05D12	05D13	05D14	05D15	05D16	05D17	05D18	05D19	05D20	05D21	05D22	05D23	05D24
17																									
18																									
19	语音3#																								
20	端口编号	1	2	3	4	5	6	7	8	9	10	11	12	13	14	15	16	17	18	19	20	21	22	23	24
21	标签号	05V49	05V50	05V51	05V52	05V53	05V54	05V55	05V56	05V57	05V58	05V59													
22																									
23																									
24	语音2#																								
25	端口编号	1	2	3	4	5	6	7	8	9	10	11	12	13	14	15	16	17	18	19	20	21	22	23	24
26	标签号	05V25	05V26	05V27	05V28	05V29	05V30	05V31	05V32	05V33	05V34	05V35	05V36	05V37	05V38	05V39	05V40	05V41	05V42	05V43	05V44	05V45	05V46	05V47	05V48
27																									
28																									
29	语音1#																								
30	端口编号	1	2	3	4	5	6	7	8	9	10	11	12	13	14	15	16	17	18	19	20	21	22	23	24
31	标签号	05V01	05V02	05V03	05V04	05V05	05V06	05V07	05V08	05V09	05V10	05V11	05V12	05V13	05V14	05V15	05V16	05V17	05V18	05V19	05V20	05V21	05V22	05V23	05V24

图1-70　信息点标签编号后制作效果

五、输入制表人及其他相关信息

在 P34～X36 单元格区域输入如图 1-71 所示的制表人及其他相关信息，并设置相关的表格边框等属性。

完整的机柜配线架端口标签编号对照表制作效果如图 1-72 所示。

项目名称	制表人	XXX
华昕公司综合布线系统	制表时间	XX年XX月XX日
机柜配线架端口标签编号对照表	图表版本号	01-01-01

图1-71　制表人及其他相关信息

	B	C	D	E	F	G	H	I	J	K	L	M	N	O	P	Q	R	S	T	U	V	W	X	Y
1	机柜配线架端口标签编号对照表																							
2																								
3																								
4	线架3#																							
5	1	2	3	4	5	6	7	8	9	10	11	12	13	14	15	16	17	18	19	20	21	22	23	24
6	05D49	05D50	05D51	05D52	05D53	05D54	05D55	05D56	05D57	05D58	05D59													
7																								
8																								
9	线架2#																							
10	1	2	3	4	5	6	7	8	9	10	11	12	13	14	15	16	17	18	19	20	21	22	23	24
11	05D25	05D26	05D27	05D28	05D29	05D30	05D31	05D32	05D33	05D34	05D35	05D36	05D37	05D38	05D39	05D40	05D41	05D42	05D43	05D44	05D45	05D46	05D47	05D48
12																								
13																								
14	线架1#																							
15	1	2	3	4	5	6	7	8	9	10	11	12	13	14	15	16	17	18	19	20	21	22	23	24
16	05D01	05D02	05D03	05D04	05D05	05D06	05D07	05D08	05D09	05D10	05D11	05D12	05D13	05D14	05D15	05D16	05D17	05D18	05D19	05D20	05D21	05D22	05D23	05D24
17																								
18																								
19																								
20	1	2	3	4	5	6	7	8	9	10	11	12	13	14	15	16	17	18	19	20	21	22	23	24
21	05V49	05V50	05V51	05V52	05V53	05V54	05V55	05V56	05V57	05V58	05V59													
22																								
23																								
24																								
25	1	2	3	4	5	6	7	8	9	10	11	12	13	14	15	16	17	18	19	20	21	22	23	24
26	05V25	05V26	05V27	05V28	05V29	05V30	05V31	05V32	05V33	05V34	05V35	05V36	05V37	05V38	05V39	05V40	05V41	05V42	05V43	05V44	05V45	05V46	05V47	05V48
27																								
28																								
29																								
30	1	2	3	4	5	6	7	8	9	10	11	12	13	14	15	16	17	18	19	20	21	22	23	24
31	05V01	05V02	05V03	05V04	05V05	05V06	05V07	05V08	05V09	05V10	05V11	05V12	05V13	05V14	05V15	05V16	05V17	05V18	05V19	05V20	05V21	05V22	05V23	05V24
32																								
33																								
34															项目名称					制表人		XXX		
35															华昕公司综合布线系统					制表时间		XX年XX月XX日		
36															机柜配线架端口标签编号对照表					图表版本号		01-01-01		

图1-72　机柜配线架端口标签编号对照表制作效果

制作端口标签号位置对照表。

一、制作表名

在刚建立的 Excel 工作簿 Sheet2 工作表中合并 A1～K1 单元格。输入表名“端口标签号位置对照总表”。设置字体为“宋体”，字号为“16”，字形为“加粗”，单元格设置水平对齐方式为“居中对齐”

表名制作效果如图 1-73 所示。

	A	B	C	D	E	F	G	H	I	J	K
1	端口标签号位置对照总表										

图1-73　表名制作效果

二、制作表头

（1）在 A3 单元格中输入“标签编号”，在 B3 单元格中输入“编号位置”。设置字体为“宋体”，字号为“12”，字形为“加粗”。

（2）在 D3 单元格中输入“标签编号”，在 E3 单元格中输入“编号位置”。设置字体为“宋体”，字号为“12”，字形为“加粗”。

（3）在 G3 单元格中输入“标签编号”，在 H3 单元格中输入“编号位置”。设置字体为“宋体”，字号为“12”，字形为“加粗”。

（4）在 J3 单元格中输入"标签编号"，在 K3 单元格中输入"编号位置"。设置字体为"宋体"，字号为"12"，字形为"加粗"。

表头制作效果如图 1-74 所示。

图1-74 表头制作效果

三、输入标签编号

（1）在 A4～A33 单元格中依次序输入 05D01～05D30。

（2）在 D4～D32 单元格中依次序输入 05D31～05D59。

（3）在 G4～G33 单元格中依次序输入 05V01～05V30。

（4）在 J4～J32 单元格中依次序输入 05V31～05V59。

（5）分别合并 C3～C33、F3～F33、I3～I33 这 3 个单元格区域。

输入标签编号制作效果如图 1-75 所示。

图1-75 输入标签编号制作效果

四、填写编号位置

按各个标签号所属具体位置填写"编号位置"内容，如 05D01 标签号位置在 501 室，所以在其对应的"编号位置"单元格 B4 中填入"501"，以此类推。同时，可以将编号位置相同的单元格合并起来。填写编号位置后制作效果如图 1-76 所示。

五、制作制表人及其他相关信息

在 B35～J37 单元格区域输入如图 1-77 所示的制表人及其他相关信息，并设置相关的表格边框等属性。

端口标签号位置对照总表

标签编号	编号位置	标签编号	编号位置	标签编号	编号位置	标签编号	编号位置
05D01	501	05D31		05V01	501	05V31	
05D02	502	05D32		05V02	502	05V32	
05D03		05D33		05V03		05V33	
05D04		05D34	507	05V04		05V34	507
05D05		05D35		05V05		05V35	
05D06		05D36		05V06		05V36	
05D07	503	05D37		05V07	503	05V37	
05D08		05D38		05V08		05V38	
05D09		05D39		05V09		05V39	
05D10		05D40	508	05V10		05V40	508
05D11		05D41		05V11		05V41	
05D12		05D42		05V12		05V42	
05D13		05D43		05V13		05V43	
05D14	504	05D44		05V14	504	05V44	
05D15		05D45		05V15		05V45	
05D16		05D46	509	05V16		05V46	509
05D17		05D47		05V17		05V47	
05D18		05D48		05V18		05V48	
05D19		05D49		05V19		05V49	
05D20		05D50		05V20		05V50	
05D21	505	05D51		05V21	505	05V51	
05D22		05D52		05V22		05V52	
05D23		05D53	511	05V23		05V53	511
05D24		05D54		05V24		05V54	
05D25		05D55		05V25		05V55	
05D26		05D56		05V26		05V56	
05D27	506	05D57	512	05V27	506	05V57	512
05D28		05D58		05V28		05V58	
05D29	507	05D59	前台	05V29	507	05V59	前台
05D30				05V30			

图1-76　填写编号位置后制作效果

项目名称		制表人	XXX
华昕公司综合布线系统		制表时间	XX年XX月XX日
端口标签号位置对照总表		图表版本号	01-01-01

图1-77　制表人及其他相关信息

完整的端口标签号位置对照总表制作效果如图1-78所示。

端口标签号位置对照总表

标签编号	编号位置	标签编号	编号位置	标签编号	编号位置	标签编号	编号位置
05D01	501	05D31		05V01	501	05V31	
05D02	502	05D32		05V02	502	05V32	
05D03		05D33		05V03		05V33	
05D04		05D34	507	05V04		05V34	507
05D05		05D35		05V05		05V35	
05D06		05D36		05V06		05V36	
05D07	503	05D37		05V07	503	05V37	
05D08		05D38		05V08		05V38	
05D09		05D39		05V09		05V39	
05D10		05D40	508	05V10		05V40	508
05D11		05D41		05V11		05V41	
05D12		05D42		05V12		05V42	
05D13		05D43		05V13		05V43	
05D14	504	05D44		05V14	504	05V44	
05D15		05D45		05V15		05V45	
05D16		05D46	509	05V16		05V46	509
05D17		05D47		05V17		05V47	
05D18		05D48		05V18		05V48	
05D19		05D49		05V19		05V49	
05D20		05D50		05V20		05V50	
05D21	505	05D51		05V21	505	05V51	
05D22		05D52		05V22		05V52	
05D23		05D53	511	05V23		05V53	511
05D24		05D54		05V24		05V54	
05D25		05D55		05V25		05V55	
05D26		05D56		05V26		05V56	
05D27	506	05D57	512	05V27	506	05V57	512
05D28		05D58		05V28		05V58	
05D29	507	05D59	前台	05V29	507	05V59	前台
05D30				05V30			
		项目名称		制表人		XXX	
		华昕公司综合布线系统		制表时间		XX年XX月XX日	
		端口标签号位置对照总表		图表版本号		01-01-01	

图1-78　端口标签号位置对照总表制作效果

【知识链接】

在进行配线架线缆端接的时候，端接的顺序按照从下往上、从左往右的次序端接数据和语音两部分线缆，同时，在语音区域线缆端接时即使最后一个配线架上的端口数仍未用完也从新开启一个新配线架进行另外的数据区域线缆端接。这样做的目的是将数据和语音区域做明显区分，同时留有空余接口为日后可能的扩容操作做好准备。

【任务回顾】

在本任务中，主要完成了"综合布线系统端口对照表"的制作过程，其中分为机柜配线架端口标签编号对照表和端口标签号位置对照总表两部分。在机柜配线架端口标签编号对照表的制作过程中，力求简单明了地表达出信息点标签编号和配线架端口的关系；而在端口标签号位置对照总表的制作过程中，也力求简单明了地表达出信息点标签编号与具体物理位置的关系。这两个表格虽然都比较简单，但由于综合布线系统在交付使用后对于网络管理人员的日常维护等操作起着重要的辅助作用，所以在实际工程使用中的意义非常大，切不可马虎对待。

任务八　制作综合布线系统施工进度表

【任务描述分析】

施工进度控制关键就是编制施工进度计划，合理安排好前后工作的次序，能对整个工程按时、按质、按量完成起到正面的促进作用。

完成本任务的学习可以掌握综合布线系统施工进度表制作的思路和过程。

【任务实现】

一、掌握综合布线系统工程的项目内容划分

可参考任务二的【知识链接】的内容。

二、制作综合布线系统施工进度表的表名

新建 Excel 工作簿，在工作表 Sheet1 中合并 A1～Q1 单元格。输入表名"华昕公司综合布线系统工程施工进度表"。设置字体为"宋体"，字号为"18"，字形为"加粗"，单元格设置水平对齐方式为"居中对齐"。

表名制作效果如图 1-79 所示。

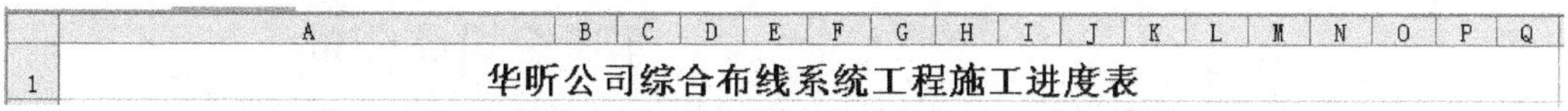

A	B	C	D	E	F	G	H	I	J	K	L	M	N	O	P	Q
1	华昕公司综合布线系统工程施工进度表															

图1-79　表名制作效果

三、制作综合布线系统施工进度表的表头内容

（1）合并设置 A3～A4 单元格，输入"时间"和"项目"，注意两者之间的位置，具体参考图 1-79。设置字体为"宋体"，字号为"12"。

（2）合并 B3～Q3 单元格，输入"××年××月"（即输入进行施工的时间），设置字体

为"宋体"，字号为"12"。

（3）在 B4～Q4 单元格中依次输入 1、3、5、7、9、11、13、15、17、19、21、23、25、27、29 和 31（假设施工当月有 31 天，完成每项工作一般都是需要几天的，所以时间上的安排以两天为间隔）。设置字体为"宋体"，字号为"12"。

（4）在 A3～Q4 单元格区域中，设置单元格格式→边框→外边框和内部。

表头制作效果如图 1-80 所示。

图1-80　表头制作效果

四、录入相应的工程项目内容

（1）在 A5～A14 单元格中分别按次序输入施工过程的各个项目名称："洽谈、合同签定"，"设计图纸、图表审核"，"设备订购与验收"，"主干线槽、管槽架设与主干光缆、大对数电缆敷设"，"水平线槽、管槽架设与水平电缆敷设"，"信息插座安装、端接"，"机柜安装、设备安装"，"光缆端接及配线间端接"，"测试与调整"，"测试验收、制作验收文档交付用户"。

（2）在 A5～Q14 单元格区域中，设置单元格格式→边框→外边框和内部。

输入工程项目名称及设置表格属性后的制作效果如图 1-81 所示。

五、按实际施工时间需求规划日期安排

（1）假设洽谈、合同签定的时间范围确定为 1～4 日，则将 B5～C5 单元格用绘图工具画横线表示选择，规划日期安排效果如图 1-82 所示。

图1-81　输入工程项目名称及设置表格属性后的制作效果

图1-82　规划日期安排效果

（2）将其他项目按实际施工时间需求规划日期安排。

整体时间安排制作效果如图 1-83 所示。

	A	B	C	D	E	F	G	H	I	J	K	L	M	N	O	P	Q
1	华昕公司综合布线系统工程施工进度表																
2																	
3	时间				XX年XX月												
4	项目	1	3	5	7	9	11	13	15	17	19	21	23	25	27	29	31
5	洽谈、合同签定																
6	设计图纸、图表审核																
7	设备订购与验收																
8	主干线槽、管槽架设与主干光缆、大对数电缆敷设																
9	水平线槽、管槽架设与水平电缆敷设																
10	信息插座安装、端接																
11	机柜安装、设备安装																
12	光缆端接及配线间端接																
13	测试与调整																
14	测试验收、制作验收文档交付用户																

图1-83　整体时间安排制作效果

六、制作制表人及其他相关信息

在 H17～P19 单元格区域输入如图 1-84 所示的制表人及其他相关信息，并设置相关的表格边框等属性。

	A	B	C	D	E	F	G	H	I	J	K	L	M	N	O	P
17								项目名称					制表人		XXX	
18								华昕公司综合布线系统				制表时间		XX年XX月XX日		
19								工程施工进度表				图表版本号		01-01-01		

图1-84　制表人及其他相关信息

完整的施工进度表制作效果如图 1-85 所示。

	A	B	C	D	E	F	G	H	I	J	K	L	M	N	O	P	Q
1	华昕公司综合布线系统工程施工进度表																
2																	
3	时间				XX年XX月												
4	项目	1	3	5	7	9	11	13	15	17	19	21	23	25	27	29	31
5	洽谈、合同签定																
6	设计图纸、图表审核																
7	设备订购与验收																
8	主干线槽、管槽架设与主干光缆、大对数电缆敷设																
9	水平线槽、管槽架设与水平电缆敷设																
10	信息插座安装、端接																
11	机柜安装、设备安装																
12	光缆端接及配线间端接																
13	测试与调整																
14	测试验收、制作验收文档交付用户																
15																	
16																	
17								项目名称				制表人		XXX			
18								华昕公司综合布线系统				制表时间		XX年XX月XX日			
19								工程施工进度表				图表版本号		01-01-01			

图1-85　完整的施工进度表制作效果

【知识链接】

一、了解综合布线系统工程具体的作业安排

● 对于与土建工程同时进行的布线工程，首先检查竖井、水平线槽、信息插座底盒是否已经安装到位，布线路由是否全线贯通，设备间、配线间是否符合建设要求。
● 敷设主干布线主要是敷设光缆或大对数电缆。
● 敷设水平布线主要是敷设双绞线等水平子系统线缆。
● 线缆敷设的同时，开始为各设备间设立跳线架、跳线面板、光纤盒等。
● 当水平布线工程完成后，开始为各设备间的光纤及双绞线安装跳线，同时端接各个端口和跳线设备。

- 安装好所有的用户端口和跳线设备后，进行全面的验收测试工作，将完整的测试报告提交给用户验收及存档。

二、综合布线系统工程的过程划分

整个综合布线系统工程按建设过程划分项目内容，可分为：

- 洽谈、合同签定。
- 设计图纸、图表审核。
- 设备订购与验收。
- 主干线槽、管槽架设与主干光缆、大对数电缆敷设。
- 水平线槽、管槽架设与水平电缆敷设。
- 信息插座安装、端接。
- 机柜安装、设备安装。
- 光缆端接及配线间端接。
- 测试与调整。
- 测试验收、制作验收文档交付用户。

【任务回顾】

在本任务中，主要完成了"综合布线系统工程施工进度表"的制作过程。在制作的过程中要注意以下几点：

- 项目内容。各个项目的具体名称及内容是可以变化的，根据实际要完成的工程进行相应的修改。同时，有些操作项目在一些工程中是没有的，那么该项目的名称就不需要出现在本表格中。本施工进度表中出现的只需要是完成该工程实际操作的项目名称。
- 时间长短的安排。对于各个项目完成时间的长短安排也不是固定的，可以是以天为计量单位，也可以是以周为计量单位（特别是一些比较大型的建设工程），根据实际情况而定。

【项目小结】

本项目主要完成了综合布线系统的规划与设计阶段内容，其中包括了封面和目录、系统图、施工平面图、信息点点数统计表、材料预算表、机柜安装大样图、端口对照表和施工进度表 8 个部分的内容。这 8 部分内容完成后，需装订成册并交付用户存档。

这些内容基本涵盖了综合布线系统规划与设计阶段的大部分内容，在实际工程建设中，可参照实际情况加以适当修改。

【项目实训】

一、背景情况及总体需求描述

1. 背景情况简述

中新公司新租赁某楼高为 6 层的大楼（总建筑面积为三千多平方米）的 2 楼与 3 楼（2 楼与 3 楼的楼层平面图如图 1-86 和图 1-87 所示）作为公司办公场所。大楼全现浇钢筋混凝土框架结构，电缆竖井经过每层建弱电间。大楼 1 楼楼高 5.5 米，2～6 楼楼高 4 米。公司的信息处理机房设在 303 房间。大楼综合布线主干系统已敷设完毕且正常运行，各租赁公司只需按大楼管理处要求按需接入大楼综合布线主干系统即可经由大楼中心网络设备接入大楼网络及接入 Internet。

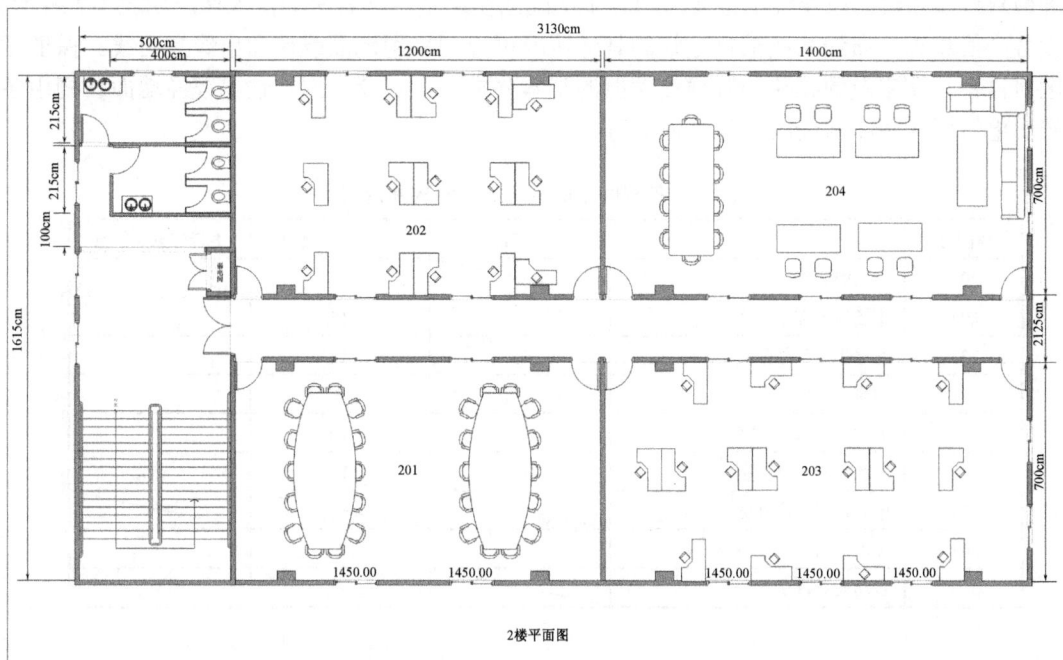

图1-86 2楼平面图

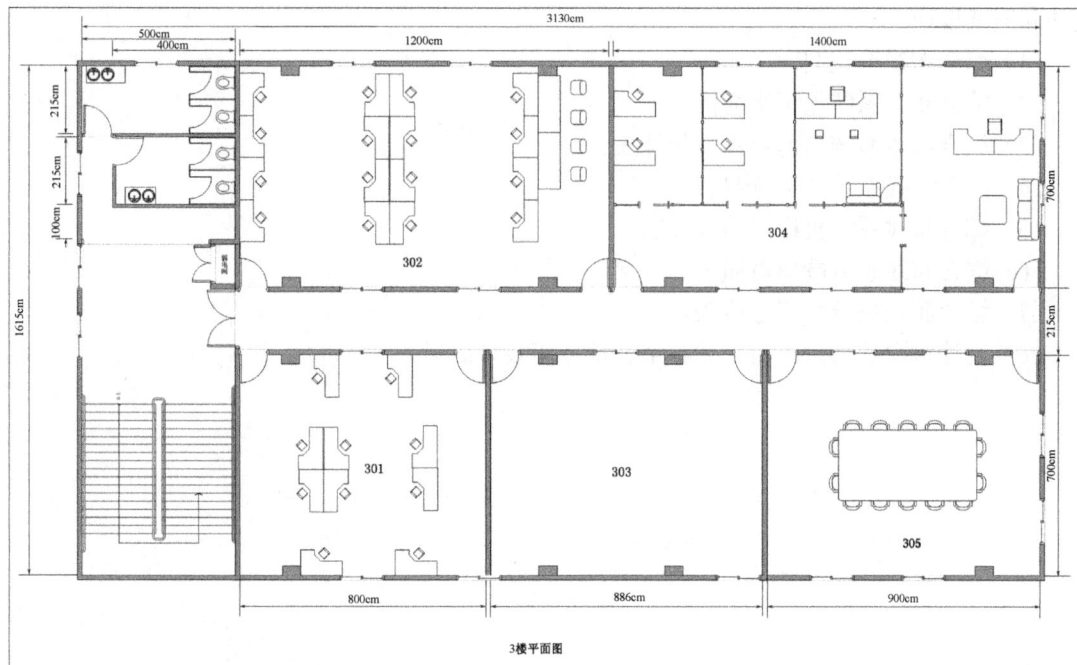

图1-87 3楼平面图

2. 公司总体需求描述

公司建设的综合布线系统要求包括能传输数据、语音、图像视频等信号的计算机网络和电话通信系统，由工作区子系统、水平布线子系统、垂直干线子系统和配线间子系统组成。主干线采用 5 类大对数双绞线和光纤混合布线接入大楼的信息化系统，水平系统采用超 5 类非屏蔽双绞线布线。按建设单位要求和各个房间的实际情况（各房间需求情况如表 1-7 所示）建设各个信息点。布线系统根据建筑的具体情况可分别采用地面或墙面出线盒出线。保证工作区对语音、文字及数据传输等通信功能的基本要求。语音及数据传输电缆经墙面线槽由各楼层弱电间引入 303 房间的信息处理机房。

表 1-7　各房间功能及工作区需求量说明

房间号	功　　能	人员数量	数据信息点数量	语音信息点数量
201	多功能会议室 1		3	3
202	市场拓展部办公室	15	15	15
203	存储事业部办公室	15	15	15
204	评测实验室	3	3	3
301	软件开发部办公室	10	10	10
302	系统集成部办公室	16	16	16
303	中心信息处理机房			
304	经理、财会、人事办公室	6	6	6
305	多功能会议室 2		3	3

二、完成要求

按需求完成对中新公司综合布线系统的设计规划，在完成各项分析后分别完成以下表格统计和图纸设计。

（1）综合布线系统图。

（2）综合布线系统施工平面图。

（3）综合布线系统信息点点数统计表。

（4）综合布线系统材料预算表。

（5）综合布线系统机柜安装大样图。

（6）综合布线系统端口对照表。

（7）综合布线系统施工进度表。

（8）设计封面及目录，将上述各个表格打印装订成册。

项目二　安装与调试

任务一　度量与定位安装位置

【任务描述分析】

根据项目一综合布线系统施工平面图，以 502 房间为例，在模拟实训墙上进行度量与定位安装位置，并做好记录。要求根据平面图找准安装位置，度量信息处理机房 510 房间到 502 房间入口的距离，再度量 502 房间内入口到各信息点的垂直和水平距离。度量与定位安装位置是设备、管槽和敷设线缆安装的前提。度量与定位的准确与否直接影响到工程的美观程度。

【任务实现】

一、工具、材料的准备

检查本实训所需工具、材料，填写表 2-1。

表 2-1　工具、材料表

设备名称	数量	单位	检查结果		备注
			数量	性能	
卷尺					
油性笔					
钢笔					
记录本					

二、度量与定位步骤

（1）仔细阅读项目一综合布线系统施工平面图，了解 502 房间布线的路由，信息点的数量和位置，拐角、三通、管卡等连接件的位置等。

（2）根据项目一综合布线系统施工平面图的要求，度量出从 510 房间到 502 房间入口的距离，并记录数据，如图 2-1 和图 2-2 所示。

图2-1　丈量长度

图2-2　记录数据

（3）根据项目一综合布线系统施工平面图的要求，在模拟实训墙上确定 502 房间管槽的路由。用卷尺丈量出管槽路由中各段的距离，用油性笔在管槽路由的直转角、平三通、管卡安装点等位置做出标记，如图 2-3 所示。

图2-3　标记位置

（4）根据项目一综合布线系统施工平面图的要求，确定信息点底盒的安装位置。用油性笔标记出各底盒 4 个顶角的位置。

【知识链接】

（1）安装在墙面或柱子上的信息插座底盒、多用户信息插座盒及集合点配线箱体的底部离地面的高度宜为 300mm。如果要安装电源插座的话，则要离开信息点插座 0.5～2m 的距离。

（2）工作区的电源应符合下列规定。

- 每一个工作区至少应配置一个 220V 交流电源插座。
- 工作区的电源插座应选用带保护接地的单相电源插座，保护接地与零线应严格分开。

【任务回顾】

在本任务中，主要完成了"度量与定位安装位置"的操作。在操作的过程中要注意以下几点：

- 管线的路由及拐角、三通、管卡等连接件的位置要和综合布线系统施工平面图的要求一致。
- 信息点的位置要和综合布线系统施工平面图的要求一致。
- 信息插座模块、多用户信息插座、集合点配线模块安装位置和高度应符合设计要求。
- 信息插座底盒同时安装信息插座模块和电源插座时，间距及采取的防护措施应符合设计要求。

【任务实训】

参照项目一综合布线系统施工平面图，在模拟实训墙上标记 501 房间管线路由和底盒的位置。

任务二 安装与敷设PVC线槽、PVC线管

【任务描述分析】

根据项目一综合布线系统施工平面图，以 502 房间为例，在模拟实训墙上进行管槽的安装与敷设。要求根据任务一所确定的房间布线路由及拐角、三通、管卡等连接件的位置进行管槽的安装与敷设。

管槽系统是综合布线系统工程中必不可少的辅助设施，它为敷设线缆服务。管槽是敷设线缆的通道，它决定了线缆的布线路由。此任务完成质量的好坏直接影响到工程美观度和穿线的难易度。

【任务实现】

一、工具、材料的准备

检查实训所需工具、材料，填写下面的表格。

1. 工具表（如表 2-2 所示）

表 2-2 工具表

设备名称	数量	单位	检查结果		备注
			数量	性能	
卷尺					
角尺					
油性笔					
线槽剪					
锯子					
水平尺					
线管剪					
弯管器					
螺丝刀					

2. 材料表（如表 2-3 所示）

表 2-3 材料表

设备名称	数量	单位	检查结果		备注
			数量	性能	
PVC 线槽					
PVC 线管					
阴角					
阳角					
直转角					
平三通					

续表

设备名称	数量	单位	检查结果		备注
			数量	性能	
终端头					
线管卡					
直通					
弯头					
螺丝					

二、线槽安装步骤

（1）根据任务的要求，按照公式（见知识链接），估算出截面积后，选择合适规格的线槽。

（2）根据任务一确定的安装位置丈量距离，使用角尺和油性笔在线槽对应的位置上绘制出阴角、阳角和直角，如图 2-4 所示。

（3）根据绘制好的线条，使用线槽剪或者锯子制造阴角、阳角和直角，如图 2-5 所示。

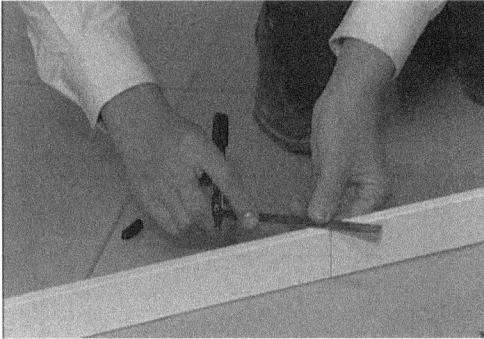

图2-4　绘制阴角

图2-5　制造阴角

（4）把制好的线槽整体装在模拟墙上。在安装过程中注意螺丝要对准线槽的正中部，每隔 1m 固定一个螺丝。使用水平尺检测安装的线槽是否达到"横平竖直"的标准。如有偏差，则适当调整高度使之达标，如图 2-6～图 2-8 所示。

（5）根据任务的要求，做好线槽盖板（注意区分使用配套拐角和自制拐角）。

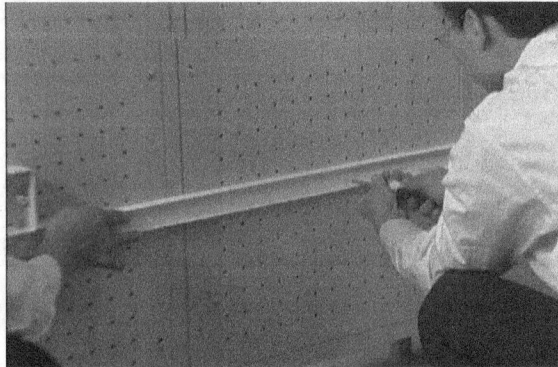

图2-6　安装线槽

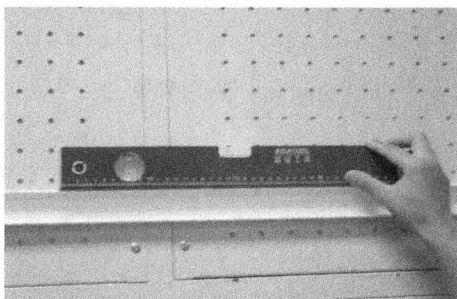

图2-7 "横平"

图2-8 "竖直"

三、线管安装步骤

（1）根据任务的要求，按照公式（见知识链接）估算出截面积后，选择合适规格的线管。

（2）根据任务一确定的安装位置丈量距离（注意区分是自制拐角或是使用配套拐角），并用油性笔做好标记。

（3）在线管路由上安装管卡，相邻管卡间隔0.7m。

（4）要求使用配套弯头的，使用线管剪在线管的标记位置处剪断塞入弯头内，并固定在管卡上。要求自制弯角的，使用弯管器自制弯角，然后固定在管卡上。

（5）使用水平尺检测线管是否达到"横平竖直"的标准。如有偏差，则适当调整管卡的方向使之达标。

【知识链接】

线槽（PVC塑料槽、钢槽）是一种带盖板封闭式的管槽材料，盖板和槽体通过卡槽合紧。从型号上讲有PVC—20系列、PVC—25系列、PVC—25F系列、PVC—30系列、PVC—40系列和PVC—40Q系列等，从规格上讲有20mm×12mm、25mm×12.5mm、25mm×25mm、30mm×15mm和140 mm×20 mm等。与PVC槽配套的连接件有阳角、阴角、直转角、平三通、左三通、右三通、连接头、终端头等。

$$管（槽）截面积 = (n \times 线缆截面积) \div [70\% \times (40\% \sim 50\%)]$$

式中，n——用户所要安装的线缆条数；

管（槽）截面积——要选择的管（槽）截面积；

线缆截面积——选用的线缆面积；

70%——布线标准规定允许的空间；

40%～50%——线缆之间浪费的空间。

【任务回顾】

在本任务中，主要完成了PVC线管和线槽的安装与敷设。在安装过程中要注意以下几点：

● 管槽的选择要合理，既不要造成管槽内空间的浪费，也不要造成管槽内线缆太拥挤。

● 线槽的阴角、阳角、直角及线管拐角的制造要标准，自制线管拐角要有适当的弧度。

● 线管、线槽的长度要适宜，它们与弯头、阴角盖、直角盖的结合处不要有缝隙。

● 使用水平尺测试时，线槽和线管要能保证达到"横平竖直"的标准。

【任务实训】

（1）在一条 1m 的线槽上，每间隔 0.3m 依次做一个自制的阴角、阳角和直角。

（2）在线管上使用弯管器自制弯角。

（3）参照项目一综合布线系统施工平面图，在模拟实训墙上完成 501 房间管槽的安装与敷设。

任务三　安装底盒和信息面板

【任务描述分析】

根据项目一综合布线系统施工平面图，以 502 房间为例，在模拟实训墙上进行底盒和信息面板的安装。要求根据任务一所确定的底盒安装位置安装好底盒。然后在底盒上安装信息面板，并进行编号，贴在面板上。

信息插座是通信链路中的关键连接点，其安装质量的优劣直接影响到连接质量的好坏，也必然决定通信质量。底盒和信息面板的安装也将影响到工程的美观度。

【任务实现】

一、工具、材料的准备

检查本实例所需工具、材料，填写下面的表格。

1. 工具表（如表 2-4 所示）

表 2-4　工具表

设备名称	数量	单位	检查结果		备注
			数量	性能	
水平尺					
油性笔					
螺丝刀					

2. 材料表（如表 2-5 所示）

表 2-5　材料表

设备名称	数量	单位	检查结果		备注
			数量	性能	
底盒					
面板					
标签纸					
螺丝					

二、安装步骤

（1）根据任务一定位好的安装位置，将底盒安装在模拟实训墙上，保证 4 个角的螺丝拧紧，底盒保持横平竖直。

（2）将面板左右两侧的螺丝拧入底盒中，然后盖上面板盖。

（3）根据图纸上要求的信息点分布，将信息点编号写在贴纸上。信息点编号规则见知识链接。

（4）将编好号的贴纸依次贴在面板上的对应位置，如图 2-9 所示。

图2-9　编号标签

【任务回顾】

在本任务中，我们主要完成了底盒与面板的安装，以及信息点的编号（标识）。在安装过程中要注意以下几点：

- 底盒和面板的安装是否达到"横平竖直"。
- 编号是否符合要求。
- 标签是否贴在了面板相对应的位置上。

【知识链接】

一、标识要求

所有需要标识的设施都要有标签，每一个电缆、光缆、配线设备、端接点、接地装置、敷设管线等组成部分均应给定唯一的标识符。标识符应采用相同数量的字母和数字等标明，按照一定的模式和规则来进行。按照"永久标识"的概念选择材料，标签的寿命应能与布线系统的设计寿命相对应。标签材料符合通过 UL969（或对应标准）认证以达到永久标识的保证；同时标签要达到环保 RoHS 指令要求。所有标签应保持清晰、完整，并满足环境的要求。标签应打印，不允许手工填写，内容应清晰可见、易读取。特别强调的是，标签应能够经受环境的考验，比如潮湿、高温、紫外线，应该具有与所标识的设施相同或更长的使用寿命。聚酯、乙烯基或聚烯烃等材料通常是最佳的选择。要对所有的管理设施建立文档。文档应采用计算机进行文档记录与保存，简单且规模较小的布线工程可按图纸资料等纸质文档进行管理，并做到记录准确、及时更新、便于查阅、文档资料应实现汉化。

1. 户内和户外的使用

对于户内和户外的使用标签应能够经受环境的考验，比如潮湿、高温、紫外线，应该具有与所标识的设施相同或更长的使用寿命。标签材料符合通过 UL969（或对应标准）认证以达到永久标识的保证；同时标签要达到环保 RoHS 指令要求。

2. 电缆标识

电缆标识最常用的是覆盖保护膜标签，这种标签带有黏性并且在打印部分之外带有一层透明保护薄膜，可以保护标签打印字体免受磨损。除此之外，单根线缆/跳线也可以使用非覆膜标签、旗式标签、热缩套管式标签。常用的材料类型包括乙烯基、聚酯和聚氟乙烯。

对于成捆的线缆，建议使用标识牌来进行标识。这种标识牌可以通过打印机进行打印，尼龙扎带或毛毡带与线缆捆绑固定，可以水平或垂直放置，标识本身应具有良好的防撕性能，并且符合 RoHS 对应的标准。

电缆标识最常用的是覆盖保护膜标签，这种标签带有黏性并且在打印部分之外带有一层透明保护薄膜，可以保护标签打印字体免受磨损。除此之外，单根线缆/跳线也可以使用非覆膜标签、旗式标签、热缩套管式标签。

配线面板标识主要以平面标识为主，要求材料能够经受环境的考验，且符合 RoHS 对应的环境要求，在各种溶剂中仍能保持良好的图像品质，并能粘贴至包括低表面能塑料的各种表面。标签应打印，不允许手工填写，应清晰可见、易读取，所有标签应保持清晰、完整，并满足环境的要求。

二、标签的分类和选择

1. 标签的分类

- 标签按打印方式分为热转移打印标签、激光打印标签、喷墨打印标签、针式打印标签和手写标识。
- 标签按照材料分为纸标签、乙烯标签、聚酯标签、尼龙标签、聚酰亚胺标签、聚烯烃套管标签等。
- 标签按照用途分为印刷线路板标识、条形码标识、实验室标识、电子元气件标识、电力与通信的线缆标识、套管标识、吊牌标识、管道标识、警示标识、防静电标识、耐高温标识、工业防伙标识、商品标识、办公用品标识、票据等。

2. 标签的选择

- 标签的基本结构：不同的打印方式和不同的用途使用标签的材料是不一样的，目前大多数用户已经注意到了不同的打印方式该使用与之相匹配的标签。
- 标签基材的选择：目前大多数用户对标签基材的选用方法还知之甚少，至使许多应该使用工业标识或特殊标识的地方，错误地使用了民用标识。如果我们错选标签的基材，肯定无法满足使用要求，许多人都是通过使用才发现基材选型缺陷的，因此对标签的选择有如下几点建议：
- ➤ 确定标签的使用环境。比如要了解标签的使用温度变化范围、湿度、光照强度、粘贴位置是否有尘土和油渍、标签粘贴在户内还是户外、使用环境是否有酸碱或有机溶剂及盐雾腐蚀等。
- ➤ 确定标签基材和粘胶的要求。比如要了解标识是否要防静电、要绝缘、要防火、要很薄、要耐撕扯、要永久粘胶、要重复使用粘胶、要求基材的颜色等。
- ➤ 确定标签的粘贴方式。根据标签的用途和使用环境确定标签的粘贴方式是平面粘贴、缠绕式粘贴还是旗型粘贴。
- ➤ 确定标签的打印方式。根据用户提出的需求确定标签的打印方式。
- ➤ 根据标签的粘贴方法和位置确定标签的尺寸。

> ➢ 使用匹配的打印机和色带。使标签及打印效果都符合 UL 认证标准。

3．标签打印机的选择

● 热转移打印机：该打印机是一种热蜡式打印机，它利用打印头上的发热元件加热浸透彩色蜡或树脂的色带，使用色带上的固体油墨转印到打印介质上。其优点是打印字迹清晰、打印速度快、打印噪音低。民用常见于火车票、超市价签等纸制标签的打印；工业上主要用于打印线缆标识、套管标识、资产标识、设备铭牌标识、集成电路元器件标识、管道标识、安全警示标识等。

● 激光打印机：该打印机工作的原理是利用电子成像技术进行打印的。调制激光束在硒鼓上沿轴向进行扫描，使鼓面感光，构成负电荷阴影，鼓面在经过带正电的墨粉时，感光部分就会吸附上墨粉，将墨粉转印到纸上，纸上的墨粉经加热熔化形成永久性的字符和图形。激光打印机的优点是打印质量好、分辨率高、噪音小、速度快、色彩艳丽。民用主要是办公室的文件打印；工业上常用于批量打印线缆标识、资产标识、设备铭牌标识和集成电路元件标识。

● 喷墨打印机：该打印机的价格低廉、色彩亮丽、打印噪志低、速度快，应用普遍，主要在办公室和家庭中使用。工业上常用于打印单色标签，如集成电路元件标识、条形码标识和线缆标识等。

● 针式打印机：该打印机是最早使用的打印机之一，它的优点是结构简单、节省耗材、维护费用低、可打印多层介质。缺点是噪声大、分辨率低、打印速度慢、打印针易折断。民用常见于各种票据的打印；工业上常用于打印大批量使用的集成电路元件标识和电力线缆标识的打印。

4．部署的类型选择

● 粘贴型和插入型：建议标签材料符合通过 UL969（或对应标准）认证以达到永久标识的保证；同时建议标签要达到环保 RoHS 指令要求。聚酯、乙烯基或聚烯烃都是常用的粘贴型标识材料。插入型标识可以被打印机进行打印，标识本身应具有良好的防撕性能，能够经受环境的考验，并且符合 RoHS 对应的标准。常用的材料类型包括聚酯、聚乙烯、聚亚安酯。

● 缠绕式标签：线缆的直径决定了所需缠绕式标签的长度或者套管的直径。大多数缠绕式标签适用于各种尺寸的线缆。贝迪缠绕式标签适用于各种不同直径的标签。对于非常细的线缆标签（如光纤跳线标签），可以选用旗型标签。

● 覆盖保护膜线缆标签和管套标签：覆盖保护膜线缆标签可以在端子连接之前或者之后使用，标识的内容清晰。标签完全缠绕在线缆上并有一层透明的薄膜缠绕在打印内容上。可以有效地保护打印内容，防止刮伤或腐蚀。

● 管套标识：只能在端子连接之前使用，通过电线的开口端套在电线上。有普通套管和热缩套管之分。热缩套管在热缩之前可以随便更换标识，具有灵活性，经过热缩后，套管可成为耐恶劣环境的永久标识。

5．现场打印和预打印

● 现场打印标识：用户可以根据自己的需要打印各种内容的标签。我们有可供便携式打印机、热转移打印机、针式打印机、激光或喷墨式打印机打印的各种标签材料；可以打印较长字符；有适合不同应用要求的标签尺寸。

● 预印标识：有多种各样的预印内容可供用户选择；若用户对标识的需求量比较大，还可以提供定制预印内容的产品，例如提供装订成卡片式、本式和套管式等；预印标识使用方便，运输便利，适用于各种应用场合。

6. 环境

考虑的环境因素包括是否会接触到油、水、化学物品或者溶剂？是否需要阻燃？是否有户外的环境？政府对此是否有特殊规定或其他规定？是否用在洁净或其他环境中？对于各种特殊的应用环境需要选择相应的材料才可以保值要求。

【任务实训】

参照项目一综合布线系统施工平面图，在模拟实训墙上完成 501 房间的底盒和面板的安装，并贴上标签。

任务四　敷设线缆

【任务描述分析】

按照项目二任务二在 502 房间敷设好的管槽后，在模拟实训墙上的管槽内进行线缆的敷设。

线缆的敷设主要是在布好线的管槽内完成的。因此，穿线质量的好坏直接关系到布线能否通过性能测试，达到设计的要求。

【任务实现】

一、工具、材料的准备

检查本实例所需工具、材料。

1. 工具表（如表 2-6 所示）

表 2-6　工具表

设备名称	数量	单位	检查结果		备注
			数量	性能	
穿线器					
压线钳					
油性笔					

2. 材料表（如表 2-7 所示）

表 2-7　材料表

设备名称	数量	单位	检查结果		备注
			数量	性能	
双绞线					
电胶布					
贴纸					

二、安装步骤

（1）根据项目一综合布线系统施工平面图上的标识，丈量好配线间到模块面板所需的线缆长度，并注意线缆预留的长度。一般来说，在配线间内预留 70cm，在模块端预留 10cm。

（2）将备好的线缆两端编号，如图 2-10 所示。

（3）将穿线器从管槽的一端穿入，从另一端拉出，如图 2-11 所示。

（4）将线缆用电胶布缠在穿线器的一端，轻轻拉动穿线器，把线缆从管槽的一端拉出到另一端。

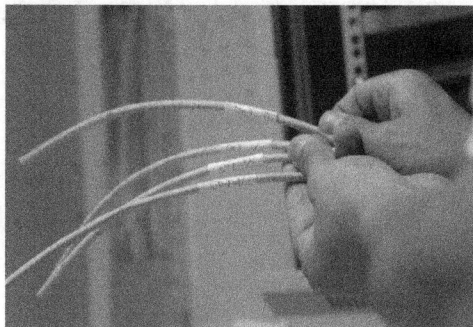

图2-10 线缆编号

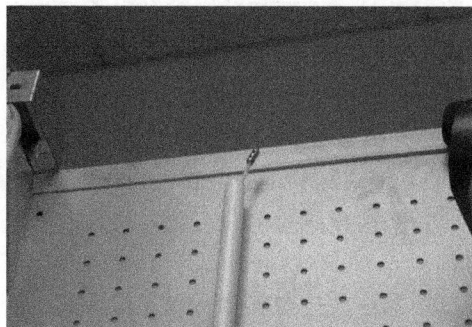

图2-11 穿线

【知识链接】

一、长度的要求

布线中各段缆线长度限值

$$C = (102 - H)/1.2$$
$$W = C - 5$$

式中，$C = w + D$——工作区电缆、电信间跳线和设备电缆的长度之和；

　　　$w =$ 工作区电缆长度；

　　　D——电信间跳线和设备电缆的总长度；

　　　W——工作区电缆的最大长度，且 $W \leqslant 22\text{m}$；

　　　H——水平电缆的长度。

表 2-8

电缆总长度/m	水平布线电缆 H/m	工作区电缆 W/m	电信间跳线和设备电缆 D/m
100	90	5	5
99	85	9	5
98	80	13	5
97	25	17	5
97	70	22	5

二、曲率半径的要求

（1）对于 4 对非屏蔽线缆，曲率半径不小于线缆外径的 4 倍。

（2）对于 4 对屏蔽线缆，曲率半径不小于线缆外径的 8 倍。

三、布线拉力的要求

用一条拉线将线缆牵引穿入墙壁管道、吊顶和地板管道称为线缆牵引。在施工中，应使拉线和线缆的连接点尽量平滑，所以要采用电胶布在连接点外面紧紧的缠绕，以保证平滑和牢靠。

拉线缆的速度，从理论上讲，线的直径越小，则拉的速度愈快。但是，有经验的安装者采取慢速而又平稳的拉线，而不是快速的拉线。原因是快速拉线会造成线的缠绕或被绊住。拉力过大，线缆变形，会引起线缆传输性能下降。由于通信线缆的特殊结构，线缆在布放过程中承受的拉力不要超过线缆允许承受张力的 80%。各种情况下线缆最大允许值如下所列：

- 一根 4 对双绞电缆的拉力为 10kg
- 二根 4 对双绞电缆的拉力为 15kg
- 三根 4 对双绞电缆的拉力为 20kg
- n 根 4 对双绞电缆的拉力为 $n \times 50 + 50$（N）

不管多少根线对电缆，最大拉力不得超过 40 kg，速度不宜超过 15m/min。必要时要采用润滑剂。

线缆允许的拉力按照下列公式计算：

$$拉力 = N \times 5 + 50$$

注：N 为线缆数量，不管多少根线对线缆，最大拉力不能超过 400N。

【任务回顾】

在本任务中，我们主要完成了管槽中的线缆敷设。在此过程中要注意以下几点：

- 线缆两端预留的长度要合适。
- 拉线的时候力度要合适，拉力过大会损坏线缆。
- 编号要符合规范。

【任务实训】

在任务三的实训后，使用穿线器进行穿线。要求规范操作，贴好标签。

任务五　端接信息模块

【任务描述分析】

根据任务四敷设线缆后，在信息底盒一端要进行信息模块的端接，按照给出的免打信息模块图（如图 2-12 所示），完成信息模块的端接。要求按照 T568B 进行端接，工艺美观，端接正确。

图2-12　免打信息模块

【任务实现】

一、准备器材和工具

检查本实训所需工具、设备、配件的数量、种类及其外观和性能状况。

1. 工具表（如表 2-9 所示）

表 2-9　工具表

设备名称	数量	单位	检查结果		备注
剥线钳					
平口螺丝刀					选配
压线钳					
剪刀					

2. 器材表（如表 2-10 所示）

表 2-10　材料表

设备名称	数量	单位	检查结果		备注
			数量	性能	
免打模块					
超五类非屏蔽网线					

二、剥线

（1）剥开外绝缘护套，如图 2-13 所示。

（2）去掉护套，剪掉防拉线，如图 2-14 所示。

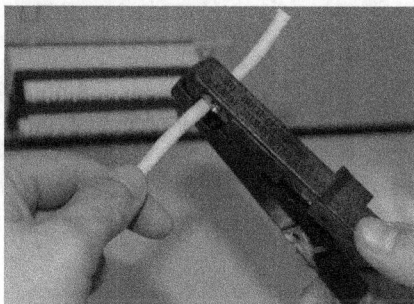

图2-13　剥线

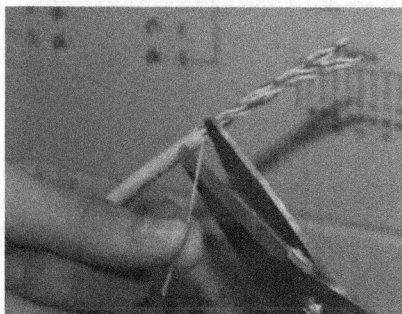

图2-14　去掉护套

三、拆线

（1）拆开 4 对双绞线，如图 2-15 所示。

（2）按照 T568B 标准整理线序，如图 2-16 所示。

四、剪线

以 45°斜角剪线，如图 2-17 所示。剪线后的效果图如图 2-18 所示。

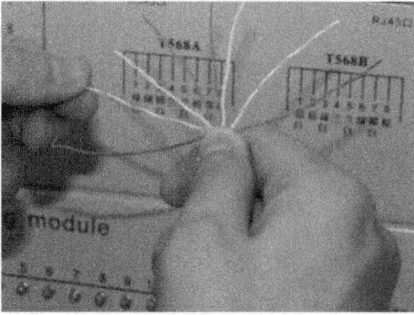

图2-15　拆开4对双绞线

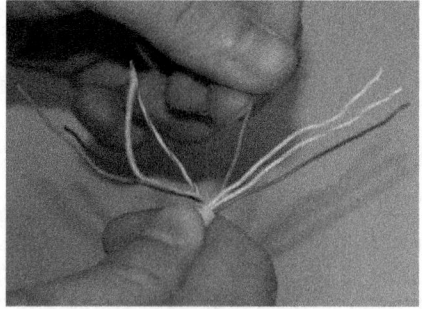

图2-16　整理线序

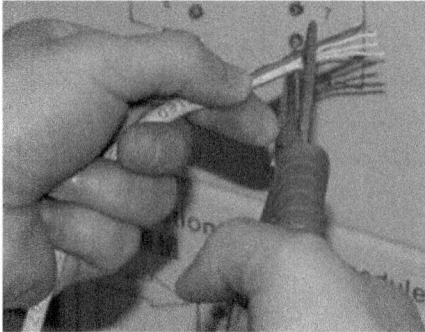

图2-17　剪线

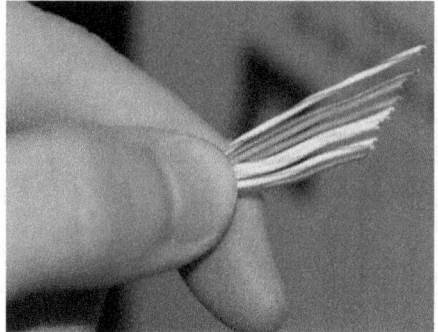

图2-18　剪线后的效果图

五、按照线序放入端接口

（1）放入端接口，如图 2-19 所示。放入端接口后的效果图如图 2-20 所示。

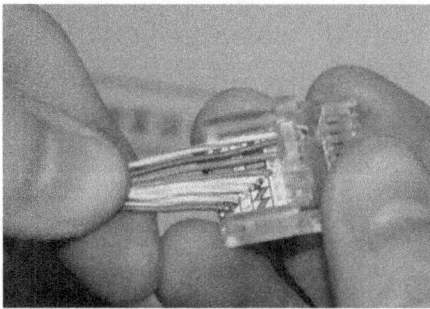

图2-19　放入端接口

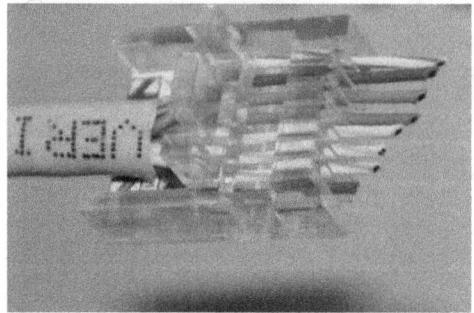

图2-20　放入端接口后的效果图

（2）弯线，如图 2-21 所示。

（3）剪线，如图 2-22 所示。

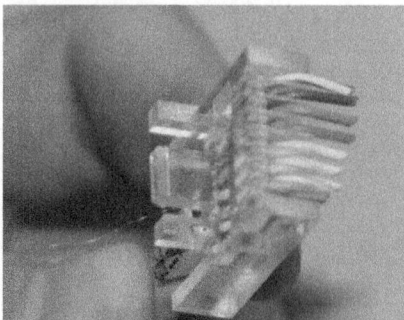

图2-21　弯线

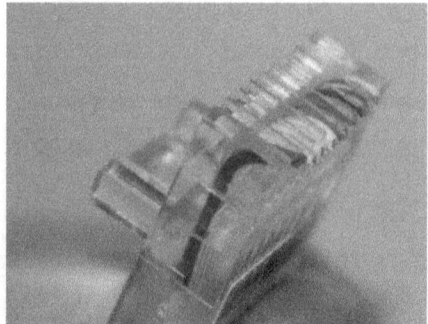

图2-22　剪线

六、压接模块

（1）压入模块，如图 2-23 所示。

（2）压接，如图 2-24 所示。

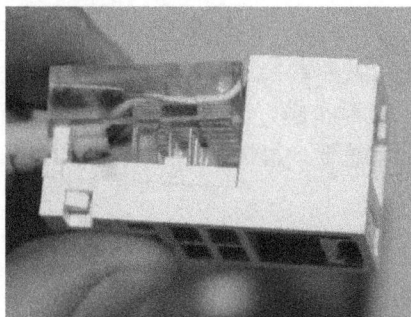

图2-23 压入模块

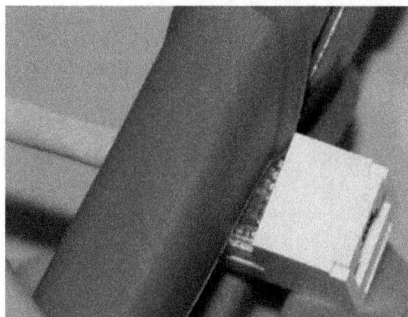

图2-24 压接

压好后的效果如图 2-25 所示。

图2-25 压接好的效果图

检查端接结果，盖好信息底盒面板，清理现场。

【知识链接】

一、免打模块

免打模块采用免压接打线工具，直接利用产品压接打线结构功能，操作方便快捷。

性能超过 ISO/IEC11801 超 5 类标准，支持 T568A 和 T568B 端接线序，可用于工作区信息点及模块化配线架。

插孔：八芯针，插拔寿命≥1000 次。

线径规格：22～26AWG（0.4～0.65mm 硬导线）。

接触电阻：≤20mΩ。

频率特性：100MHz

二、网络模块端接原理

网络模块端接原理：利用压线钳的压力将 8 根线逐一压接到模块的 8 个接线口，同时裁剪掉多余的线头。在压接过程中刀片首先快速划破线芯绝缘护套，与铜线芯紧密接触实现刀片与线芯的电气连接，这 8 个刀片通过电路板与 RJ-45 口的 8 个弹簧连接。

【任务回顾】

在本任务中，我们主要完成了在信息底盒一端进行信息模块的端接。在端接过程中要注意以下几点：

● 进行免打模块端接时，要求按 T568B 标准进行端接，工艺美观，端接正确。

● 进行网络模块端接时，根据网络模块的结构，按照端接顺序和位置将每对绞线拆开并且端接到对应的位置，每对线拆开绞绕的长度越少越好，不能为了端接方便而将线对拆开很长，特别在 6 类、7 类系统端接时非常重要，直接影响永久链路的测试结果和传输速率。

【任务实训】

以 501 房间为例，在模拟实训墙上完成两个信息模块的端接，按照 T568A 标准进行端接，然后进行测试。

任务六　跳线的制作

【任务描述分析】

所谓跳线，就是指两端均有一个水晶头的网线。跳线分为直通线和交叉线两种，可用于计算机与集线器（交换机）的连接、集线器（交换机）之间的连接、集线器（交换机）与路由器之间的连接、计算机之间的连接、计算机与信息插座之间的连接等。在以双绞线作为传输介质的网络中，跳线的制作与测试非常重要。跳线的好坏直接影响着终端（计算机）与网络设备间的通信质量。跳线必须参照常用的布线标准 EIA/TIA 568A 或 EIA/TIA 568B 来制作。

【任务实现】

一、制作直通线

（1）准备好超 5 类双绞线、RJ-45 水晶头和一把专用的压线钳和剥线钳，如图 2-26 所示。

（2）用剥线钳距超 5 类双绞线的端头至少 2cm 处旋转一圈，如图 2-27 所示（当然也可以用压线钳的剥线刀口裁剪）。

（3）将剥开的外保护套管向外拉剥，露出超 5 类线电缆中的 4 对双绞线，如图 2-28 所示。

（4）按照 EIA/TIA 568B 标准（1—白橙、2—橙、3—白绿、4—蓝、5—白蓝、6—绿、7—白棕、8—棕）和导线颜色将导线按规定的序号排好，如图 2-29 所示。

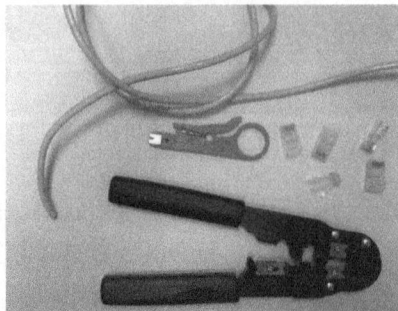

图2-26　工具与耗材

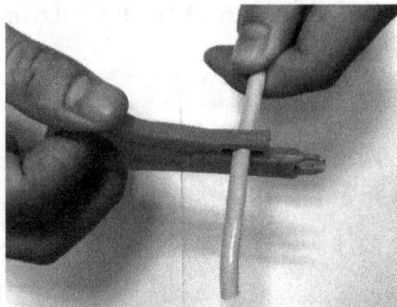

图2-27　剥线

图2-28　4对双绞线

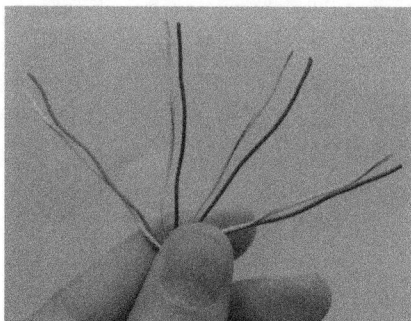

图2-29　按EIA/TIA 568B标准排线

（5）将 8 根导线平坦整齐地平行排列，导线间不留空隙，如图 2-30 所示。

（6）准备用压线钳的剪线刀口将 8 根导线剪断，如图 2-31 所示。

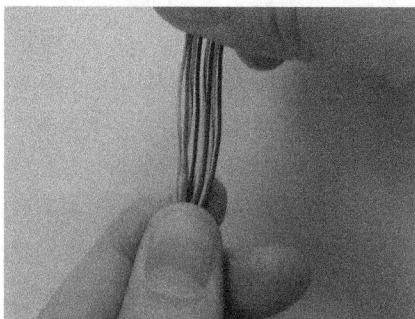

图2-30　理线

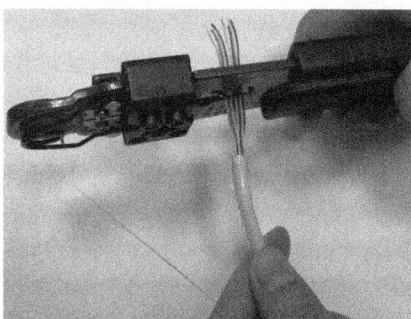

图2-31　按需要长度剪断

（7）剪断电缆线（一定要剪得很整齐），剥开的导线长度不可太短。可以先留长一些，不要剥开每根导线的绝缘外层，如图 2-32 所示。

（8）将剪断的电缆线放入 RJ-45 水晶头试试长短（要插到底），反复进行调整。电缆线的外保护层最后应能够在 RJ-45 插头内的凹陷处被压实，如图 2-33 所示。

（9）在确认一切都无误后（注意不要将导线的顺序排列反了），将 RJ-45 水晶头放入压线钳的压头槽内，准备最后的压实，如图 2-34 所示。

图2-32　效果

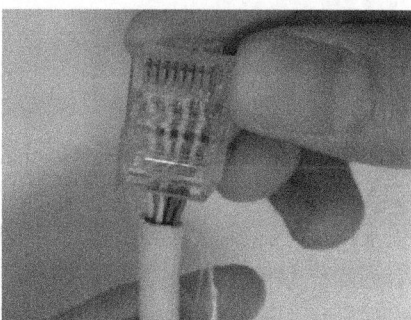

图2-33　用RJ-45水晶头测试线缆长度

（10）双手紧握压线钳的手柄，用力压紧。在这一步骤完成后，插头的 8 个针脚接触点就穿过导线的绝缘外层，分别和 8 根导线紧紧地压接在一起，如图 2-35 所示。

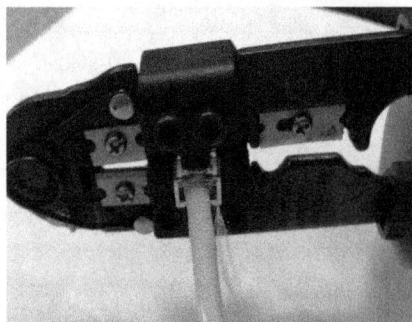

图2-34　压线示意图1

图2-35　压线示意图2

（11）现在已经完成了线缆一端的水晶头制作，还需要制作双绞线的另一端水晶头。按照 EIA/TIA 568B 标准和前面介绍的步骤来制作另一端的水晶头。完成后的效果如图 2-36 所示。

二、制作交叉线

制作交叉线的步骤和操作要领与制作直通线一样，只是交叉线的一端是 EIA/TIA 568B 标准，另一端是 EIA/TIA 568A 标准（1—白绿、2—绿、3—白橙、4—蓝、5—白蓝、6—橙、7—白棕、8—棕）。完成后的效果如图 2-37 所示。

图2-36　直通线完成效果

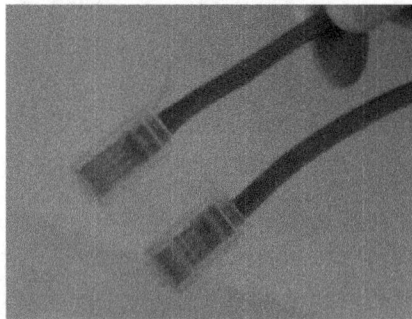

图2-37　交叉线完成效果

【知识链接】

一、跳线的类型

每条双绞线中都有 8 根导线，导线的排列顺序必须遵循一定的规律，否则就会导致链路的连通性故障，或影响网络传输速率。目前，最常用的布线标准有两个，分别为 EIA/TIA 568A 和 EIA/TIA 568B。在一个综合布线工程中，可采用任何一种标准，但所有的布线设备及布线施工必须采用同一标准。通常在布线工程中采用 EIA/TIA 568B 标准。

只有弄清楚如何确定水晶头针脚的顺序，才能正确判断跳线的线序。将水晶头有塑料弹簧片的一面朝下，有针脚的一面向上，使有针脚的一面指向远离自己的方向，有方型孔的一面对着自己，此时，最左边的是第 1 脚，最右边的是第 8 脚，其余依次顺序排列。按照双绞线两端线序的不同，通常划分两类双绞线。

1. 直通线

根据 EIA/TIA 568B 标准，两端线序排列一致，一一对应，即不改变线的排列，称为直通线。直通线线序如表 2-11 所示，当然也可以按照 EIA/TIA 568A 标准制作直通线，此时跳线的两端的线序依次为 1—白绿、2—绿、3—白橙、4—蓝、5—白蓝、6—橙、7—白棕、8—棕。

表 2-11 直通线线序

端 1	白橙	橙	白绿	蓝	白蓝	绿	白棕	棕
端 2	白橙	橙	白绿	蓝	白蓝	绿	白棕	棕

2．交叉线

根据 EIA/TIA 568B 标准，改变线的排列顺序，采用"1—3，2—6"的交叉原则排列，称为交叉网线。交叉线线序如表 2-12 所示。

表 2-12 交叉线线序

端 1	白橙	橙	白绿	蓝	白蓝	绿	白棕	棕
端 2	白绿	绿	白橙	蓝	白蓝	橙	白棕	棕

二、跳线的测试

制作完成双绞线后，下一步需要检测它的连通性，以确定是否有连接故障。通常使用电缆测试仪进行检测。建议使用专门的测试工具进行测试，也可以购买廉价的网线测试仪。如常用的"能手"网络电缆测试仪，如图 2-38 所示。

测试时将双绞线两端的水晶头分别插入主测试仪和远程测试端的 RJ-45 端口，将开关开至"ON"（S 为慢速挡）。如果测试的线缆为直通线缆的话，测试仪上的 8 个指示灯应该依次闪烁，如图 2-39 所示。

如果线缆为交叉线缆的话，其中一侧同样是依次闪烁，而另一侧则会按 3、6、1、4、5、2、7、8 的顺序闪烁，如图 2-40 所示。

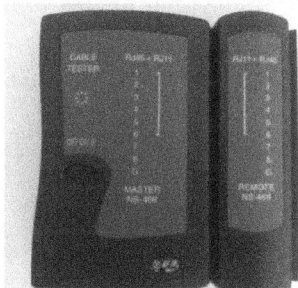

图2-38 "能手"网络电缆测试 仪外观

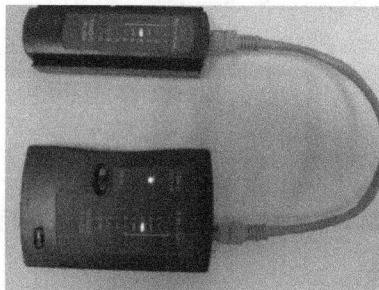

图2-39 电缆测试仪测试直通线效果

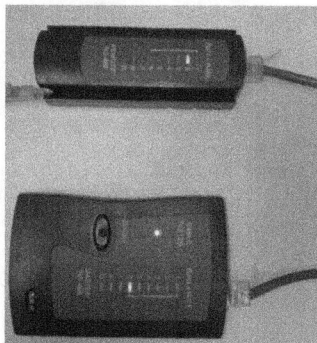

图2-40 电缆测试仪测试交叉 线效果

如果出现红灯或黄灯，就说明存在接触不良等现象，此时最好先用压线钳压两端的水晶头一次，再测，如果故障依旧存在，就得检查一下芯线的排列顺序是否正确。如果芯线顺序错误，此时就需要重做水晶头了。

【任务评价】

制作跳线要根据实际情况按照综合布线的标准来制作。能熟练掌握制作两种跳线的方法，在平时的练习过程中，注意速度的训练，提高制作跳线的速度，保证每做一条跳线都能通过测试。

【任务实训】

（1）制作一条超 5 类双绞线的直通线。

（2）制作一条超 5 类双绞线的交叉线。

（3）用网络电缆测试仪测试直通线和交叉线。

任务七　安装机柜设备

【任务描述】

根据给出的机架大样图（如图 2-41 所示），完成挂墙式机柜的安装。要求先安装挂墙式机柜，机柜离地面 100cm，然后根据大样图完成柜内设备的安装。

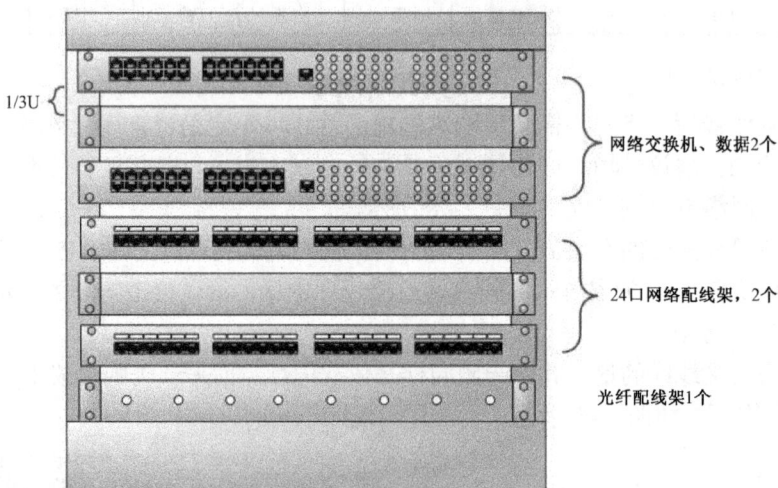

图2-41　9U机架大样图

【任务实现】

一、工具、器材准备

检查本实训所需工具、设备、配件的数量、种类及其外观和性能状况。

1．器材表（如表 2-13 所示）

表 2-13　器材表

设备名称	数量	单位	检查结果		备注
			数量	性能	
机柜					
配线架					
理线环					
交换机					
光纤配线架					
螺丝					
螺母					

2．工具表（如表 2-14 所示）

表 2-14　工具表

设备名称	数量	单位	检查结果		备注
螺丝批					
电动螺丝刀					选配
扳手					

二、安装设备

（1）安装机柜。

① 在模拟墙上安装固定支架，支架底端离地面高度为 80cm，如图 2-42 所示。要求支架保持水平。垂直倾斜误差应不大于 3mm，底座水平误差每平方米应不大于 2mm。

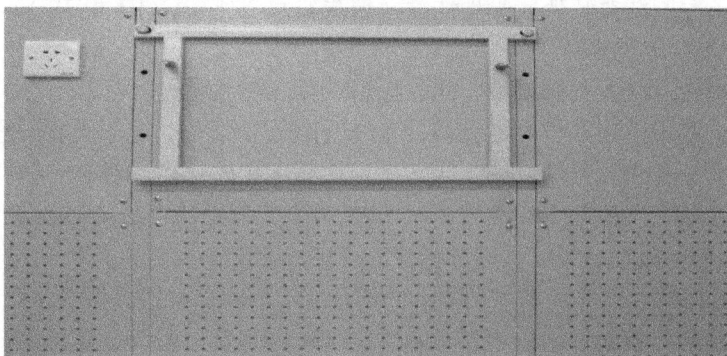

图2-42　固定支架安装图

② 先拆卸下机柜的两侧门及前门板，然合两人合作把机柜固定在支架上，并用螺丝固定好，如图 2-43 所示。

③ 重新装好上述机柜门板，再次检查机柜的稳固性。

（2）按设计图纸要求，分别把配线架、理线环、交换机安装在机柜两边的立柱对应的孔中，水平误差不大于 2mm，不允许左右孔错位安装，螺丝的松紧度要适当，如图 2-44 所示。

图2-43　机柜安装图

图2-44　机柜内设备安装图

（3）要求机架上的各种零件不得脱落或碰坏，各种标志应完整清晰。

三、检查安装结果，清理现场

1．按机架大样图设计效果检查各设备的按照效果。

2．清理现场，收拾各工具及清扫施工垃圾。

【知识链接】

一、机柜

综合布线用配线柜是按标准 19 英寸机柜设计制造的，针对不同容量分别有 35U、40U 高度的配线柜与之相适应，能充分满足用户不同的使用要求，外形尺寸如下。

- 20U：高、宽、深分别为 1100mm、600mm、600mm（或 700mm）。
- 30U：高、宽、深分别为 1500mm、600mm、600mm（或 700mm）。
- 35U：高、宽、深分别为 1800mm、600mm、600mm（或 700mm）。
- 40U：高、宽、深分别为 2000mm、600mm、600mm（或 700mm）。

可安装的设备有回线背装架、管理线盘（理线架）、空面板（1U 和 3U）、过压过流安排、托板（可放置 HUB、电源等）。

注意：配线柜内若放置有源设备，建议选用带有散热风扇的机柜。

标准机柜广泛应用于计算机网络设备、有线/无线通信器材、电子设备的叠放。机柜有增强电磁屏蔽，削弱设备工作噪音，减少设备地面面积占用的优点，对于一些高档机机柜还具备空气过滤和提高精密设备工作环境质量的功能。很多工程级的设备的面板宽度都用 19 英寸，所以 19 英寸的机柜是最常见的一种标准机柜。19 英寸标准机柜的种类和样式非常多，也有进口和国产之分，价格和性能差距非常明显。同样尺寸、不同档次的机柜价格可能差数倍之多。

标准机柜的结构比较简单，主要包括基本框架、内部支撑系统、布线系统、通风系统。标准机柜根据组装形式和材料选用的不同，可以分成很多性能和价格档次。19 英寸标准机外型有宽度、高度、深度 3 个常规指标。虽然 19 英寸面板设备安装宽度为 465mm，但机柜的物理宽度常见的产品为 600mm 和 800mm 两种。高度一般为 0.7～2.4m，可根据柜内设备的多少和统一格调而定。通常厂商可以定制特殊的高度，常见的成品 19 英寸机柜高度有 1.6m 和 2m。机柜的深度一般为 400～800mm，根据柜内设备的尺寸而定。厂商也可制特殊深度的产品，常见的成品 19 英寸机柜深度为 500mm、600mm、800mm。19 英寸标准机柜内设备安装所占高度用一个特殊单位"U"表示，1U=44.45mm。使用 19 英寸标准机柜的设备面板一般都是按 nU 的规格制造。对于一些非标准设备，大多可以通过附加适配板装入 19 英寸机箱并固定。

机柜的材料与机柜的性能有密切的关系，制造 19 英寸标准机柜材料主要有铝型材料和冷轧钢板两种材料。由铝型材料制造的机柜比较轻便，适合堆放轻型器材，且价格相对便宜。铝型材料也有进口和国产之分，由于质地不同，所以制造出来的机柜物理性能也有一定差别，尤其一些较大规格的机柜更容易显现出差别。冷轧钢板制造的机柜具有机械强度高、承重量大的特点。同类产品中钢板用料的厚薄和质量及工艺都直接关系到产品的质量和性能，有些廉价的机柜使用普通薄铁板制造，虽然价格便宜，外观也不错，但性能不好。通常优质的机柜份量比较重。

19 英寸标准机柜从组装方式来看，大致有一体化焊接型和组装型。一体化焊接型机柜的价格相对便宜，焊接工艺和产品材料是这类机柜的关键，但一些劣质产品遇到较重的负荷容易产生变形。组装型是目前比较流行的形式，包装中都是散件，需要时可以迅速组装起来，并且调整方便，灵活性强，但一些劣质产品往往接口部位都很粗糙，拼装起来比较困难，移位明显。

另外机柜的制作水准和表面油漆工艺，以及内部隔板、导轨、滑轨、走线槽、插座的精细程度和附件质量也是衡量标准机柜品质的参考指标。好的标准机柜不但稳重，符合安全规范，而且设备装入平稳、坚固，机柜前后门和两边侧板密闭性好，柜内设备用力均匀，配件丰富，能适合各种应用的需要。

二、配线架

配线架是管理子系统中最重要的组件，是电缆或光缆进行端接和连接的装置，在配线架上可进行互连或交接操作。在网络工程中常用的配线架有模块式配线架、110 配线架和光纤配线架。

1. 模块式配线架

模块式快速配线架又称为机柜式配线架，其后部安装在一块印刷电路板（PWB）上，通过绝缘移动接头（IDC）区与配线架前部的 8—Pin 模块式嵌座连接起来。

模块式配线架的型号有很多，每个厂商都有自己的产品系列，并且对应 3 类、5 类、超 5 类、6 类和 7 类线缆分别有不同的规格和型号，在具体项目中，应参阅产品手册，根据实际情况进行配置。

模块式配线架前端为 RJ-45 接口，背面为 BIX 或 110 连接器，宽度为 19 英寸，高度为 1U～4U，主要安装于 19 英寸机柜，其规格有 24 口和 48 口两种。

2. 110 配线架

110 型配线架有 25 对、50 对、100 对、300 对等多种规格，它的套件包括 4 对连接块或 5 对连接块、空白标签和标签夹、基座。110 型配线架有 110A 和 110P 两种主要类型，又有带腿和不带腿之分。110A 系统应用于信息插座比较多的场合，通常可直接安装在二级交接间、电信间或设备间的墙壁上。110P 系统主要应用于数据速率较高的场合，可安装在墙上或机柜内。

3. 光纤配线架

光纤配线架的作用是在管理子系统中将光缆进行连接，通常在主配线间和各分配线间。线配线架的作用是在管理子系统中将双绞线进行交叉连接，用在主配线间和各分配线间。

机架式光纤配线架可安装在 19 英寸的标准机柜上，前面是 12 口或者 24 口适配器（耦合器）的安装面板，上面有一排插孔，用于安装光纤耦合器。而光纤耦合器的作用是将两个光纤接头对准并固定，以实现两个光纤接头端面的连接。

【任务回顾】

本实训任务是了解机柜、配线架、理线器、交换机等网络设备的外观特点、性能和组成部分，以及掌握这些设备的安装方法。本实训任务的重点是根据设计图的要求正确安装相关设备，使设备位置正确、安装牢固、合理，外观及性能完好。同时，在实训中要求各组员配合默契，分工合理，工作过程要符合安全规范。

【任务实训】

在机柜内安装一个配线架、一个理线器、一台交换机。要求先设计机架大样图，然后完成机柜安装。

任务八　端接机柜配线架1

【任务描述分析】

网络和语音配线端接是综合布线系统的关键技术，通常每个网络系统管理间有数以百计的数据或语音接线，端接线芯的数量达数万次，若在端接过程中按 1%的端接错误率计算，将可能会有数百个信息点出现链路不通的情况，这在工程中是绝对不允许的。而按照《GB50311综合布线系统工程设计规范》和《GB50312—2007 综合布线系统工程验收规范》两个国家标准的规定，对永久链路需要进行 11 项技术指标测试。因此，熟练掌握配线端接技术是非常重要的。

本实训任务是完成楼层管理间机柜配线架的端接。机柜大样图及机柜配线架端口标签编号对照表如图 2-45 和图 2-46 所示。具体任务要求如下。

（1）根据机柜大样图安装配线架。

（2）按机柜配线架端口标签编号对照表完成各条配线的端接。

（3）制作并为各配线架端口贴上标签。

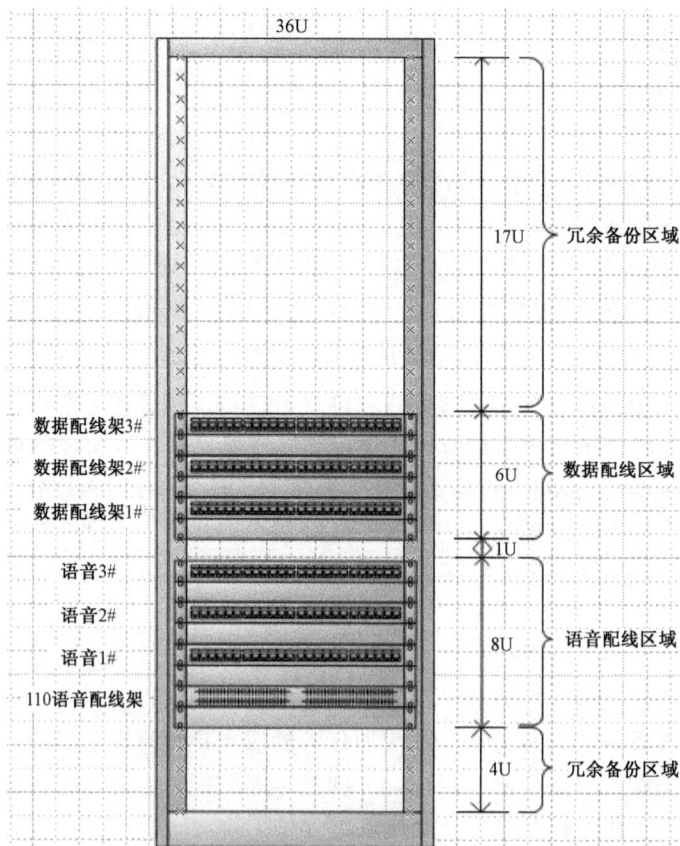

图2-45　机柜大样图

机柜配线架端口标签编号对照表

数据配线架3#

端口编号	1	2	3	4	5	6	7	8	9	10	11	12	13	14	15	16	17	18	19	20	21	22	23	24
标签号	05D49	05D50	05D51	05D52	05D53	05D54	05D55	05D56	05D57	05D58	05D59													

数据配线架2#

端口编号	1	2	3	4	5	6	7	8	9	10	11	12	13	14	15	16	17	18	19	20	21	22	23	24
标签号	05D25	05D26	05D27	05D28	05D29	05D30	05D31	05D32	05D33	05D34	05D35	05D36	05D37	05D38	05D39	05D40	05D41	05D42	05D43	05D44	05D45	05D46	05D47	05D48

数据配线架1#

端口编号	1	2	3	4	5	6	7	8	9	10	11	12	13	14	15	16	17	18	19	20	21	22	23	24
标签号	05D01	05D02	05D03	05D04	05D05	05D06	05D07	05D08	05D09	05D10	05D11	05D12	05D13	05D14	05D15	05D16	05D17	05D18	05D19	05D20	05D21	05D22	05D23	05D24

语音3#

端口编号	1	2	3	4	5	6	7	8	9	10	11	12	13	14	15	16	17	18	19	20	21	22	23	24
标签号	05V49	05V50	05V51	05V52	05V53	05V54	05V55	05V56	05V57	05V58	05V59													

语音2#

端口编号	1	2	3	4	5	6	7	8	9	10	11	12	13	14	15	16	17	18	19	20	21	22	23	24
标签号	05V25	05V26	05V27	05V28	05V29	05V30	05V31	05V32	05V33	05V34	05V35	05V36	05V37	05V38	05V39	05V40	05V41	05V42	05V43	05V44	05V45	05V46	05V47	05V48

语音1#

端口编号	1	2	3	4	5	6	7	8	9	10	11	12	13	14	15	16	17	18	19	20	21	22	23	24
标签号	05V01	05V02	05V03	05V04	05V05	05V06	05V07	05V08	05V09	05V10	05V11	05V12	05V13	05V14	05V15	05V16	05V17	05V18	05V19	05V20	05V21	05V22	05V23	05V24

图2-46 机柜配线架端口标签编号对照表

【任务实现】

一、施工前准备

（1）读图，理解图纸要求。

（2）准备材料、工具。

（3）分工安排。

二、操作步骤

1．固定式配线架的安装与端接

（1）把配线架安装在机柜内前骨架立柱上，如图 2-47 所示。

图2-47 配线架安装示意图

（2）线缆由机柜底部进线，并以若干条缆线一组扎好在骨架立柱内侧上，如图 2-48 所示。

（3）剥线、分线。将双绞线一端剥去外绝缘护套约 3cm，然后按照绞线绞绕顺序慢慢拆开。在此过程中要特别注意各根线必须保持比较大的曲率半径，线条平滑自然，不能硬折，如图 2-49 所示。

图2-48　线缆分组扎线示意图

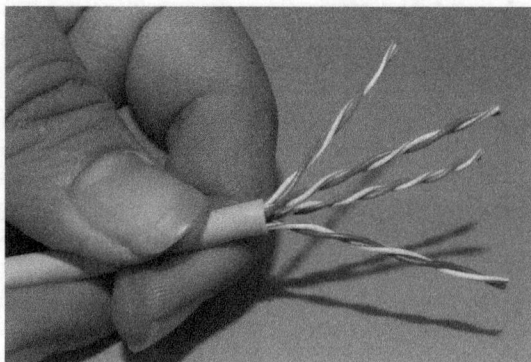

图2-49　剥线、分线示意图

（4）按线序（如 EIA/TIA 568B）把 8 根线压入配线架端接口，如图 2-50 所示。

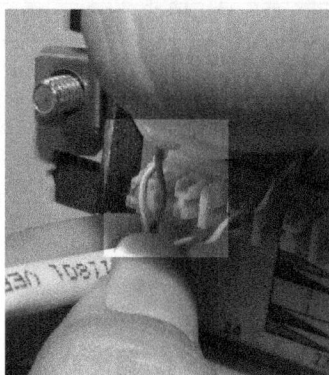

图2-50　配线架端接压线示意图

（5）打线。用打线刀逐一将各线压接在连接块刀口中，如图 2-51 所示。

（6）重复上述（3）～（5）步，完成一组线缆的端接，如图 2-52 所示。

图2-51　配线架端接打线示意图

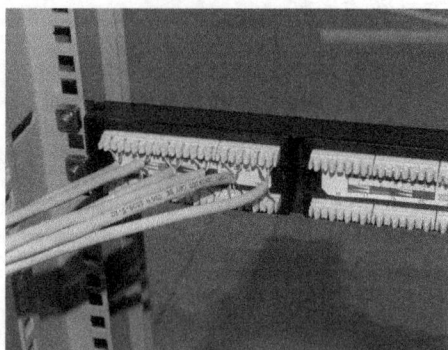

图2-52　配线架端接第一组效果示意图

（7）按上述方法完成其他组线缆的端接工作，如图 2-53 所示。

（8）在配线架后安装配套理线架，如图 2-54 所示。

（9）在理线架上理线、固定线缆，如图 2-55 所示。至此，一个配线架的端接工作全部完成，如图 2-56 所示。

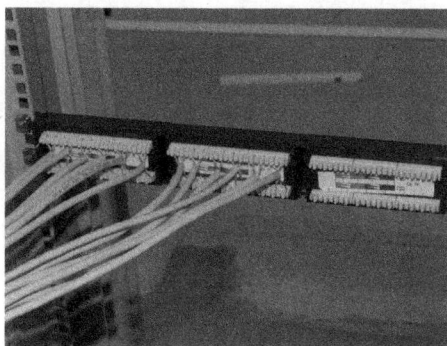
图2-53 配线架端接第二组效果示意图

图2-54 配线架配套理线架安装示意图

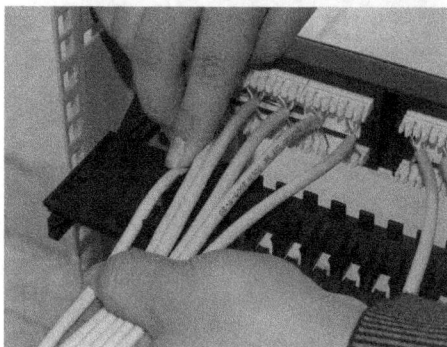
图2-55 配线架配套理线架理线、卡线示意图

图2-56 单个配线架端接完成效果示意图

（10）按上述步骤完成其他固定式数据配线架的端接，如图 2-57 所示。

图2-57 整个机柜配线架端接完成效果示意图

2. 模块式配线架的安装与端接

（1）～（3）步与上述固定式配线架安装与端接过程（1）～（3）步相同。

（4）按线序（如 EIA/TIA 568B）理顺线缆，斜口剪齐导线（便于插入），如图 2-58 所示。

（5）把线缆按标识线序方向插入至扣锁接帽，开绞长度至信息模块底座卡接点在 13mm 以内。

（6）将多余导线拉直并弯至反面，如图 2-59 所示。

（7）从反面顶端剪平导线，如图 2-60 所示。

（8）用钳子压接，完成模块端接，如图 2-61 所示。

（9）将端接好的信息模块插入配线架中，如图 2-62 所示。

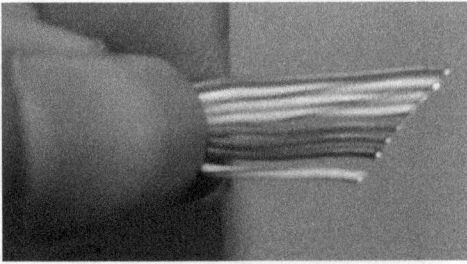

图2-58　模块式配线架剪线效果示意图

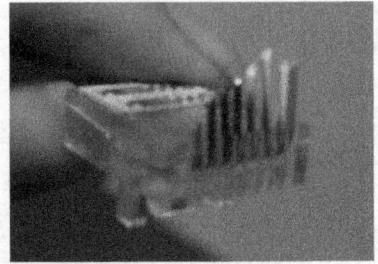

图2-59　模块式配线架剪线效果示意图

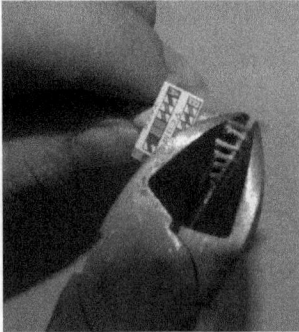

图2-60　模块式配线架剪线效果示意图

图2-61　模块式配线架端接压线示意图

图2-62　信息模块插入配线架示意图

（10）重复上述步骤，直至完成配线架全部模块的端接，如图 2-63 所示。

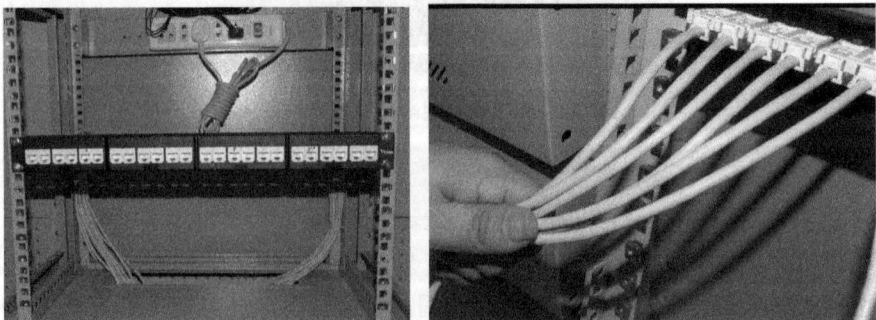

图2-63　模块式配线架正/反面端接效果图

三、110 配线架

（1）固定配线架。

（2）从机柜进线口处整理电缆并将其固定在机柜架骨上，并预留大约 25cm 线缆。

（3）用电工刀或剪刀把大对数电缆外皮剥去，将电缆穿越 110 语音配线架并摆放至配线架打线处，如图 2-64 所示。

图2-64   110语音配线架大对数线缆穿线示意图

根据电缆色谱排列顺序，将对应颜色的线对逐一压入槽内，然后使用打线工具固定线对连接，并将伸出槽外多余的导线截断，如图 2-65 所示。

当线对逐一压入槽内，再用 5 对打线刀，把 110 语音配线架的连接端子压入槽内，如图 2-66 所示。

图2-65   110语音配线架端接打线示意图

图2-66   110语音配线架大对数线缆穿线示意图

四、在机柜内安装理线环

按机柜大样图的设计效果，在对应位置安装理线环。

五、按机柜配线架端口标签编号对照表制作标签并贴在相应的位置

整个机柜端接流程完成，效果如图 2-67 和图 2-68 所示。

图2-67   机柜端接效果图（正面）

图2-68   机柜端接效果图（内侧）

【知识链接】

一、标签识别的管理

为方便综合布线系统的管理和维护，对布线系统的信息点、管理区、线缆等应进行编号及色标管理。综合布线系统的每一条电缆、配线设备、端接点、安装通道和安装空间均应给定唯一的标识。标识可包括名称、编号、颜色及其他标识。电缆两端均应标明相同的编号。配线设备、线缆、信息插座等硬件均应设置不易脱落和磨损的标识。

1. 配线架端口及面板的标签

配线架端口及面板有合理的标签系统是非常重要的，同时所有的标号会在楼层的图纸上明确地标注上去，对于客户来说，这样可以很方便地找到每个点相对应的配线架号码。标签上应包括的信息有部门、端口、类型、面板或配线架的编号等。

2. 跳线上的标签

跳线上的标签应能使管理员方便地找出跳线所连接的设备（HUB/SWITCH）及端口，应包括的信息有机柜号码、配线架相应端口号、最终连接设备号、在交换机或者 HUB 上的端口号等。

二、缆线的弯曲半径应符合的规定

在综合布线系统工程中，缆线的弯曲半径对其性能有重要影响。为此，EIA/TIA 569 标准对缆线的弯曲半径做了以下规定：

- 非屏蔽 4 对对绞线电缆的弯曲半径应至少为电缆外径的 4 倍。
- 屏蔽 4 对对绞线电缆的弯曲半径应至少为电缆外径的 6～10 倍。
- 主干对绞电缆的弯曲半径应至少为电缆外径的 10 倍。
- 光缆的弯曲半径应至少为光缆外径的 15 倍。

【任务回顾】

本实训任务的目标是掌握机柜配线架端接的各个环节，包括理解相关图纸资料，以及削线、压线、打线、理线等各个环节技能。在实训中，操作流程要规范、到位，这是提高端接可靠性与正确性的关键。同时，亦要重视柜内设备与线缆的布局，力求美观与自然流畅。

【任务实训】

把如图 2-45 所示的机架大样图的柜内所有设备上移 2U，重做上述实训内容。

任务九　端接机柜配线架2

【任务描述分析】

许多大楼在综合布线时都考虑在每一层楼都设立一个管理间，用来管理该层的信息点。管理间一般包含机柜、交换机或其他设备、各种配线架及电源等附属设备。

本任务要求按照机柜大样图及信息点端口对应表的要求，在壁挂式机柜（离地面高度大于 1.8m）上安装配线架和交换机、端接双绞线及安装跳线等。任务的重点流程是如何在登高作业的环境下这完成相关设备的安装与端接等工作，以及施工安全方面的要求。

机架大样图如图 2-69 所示。

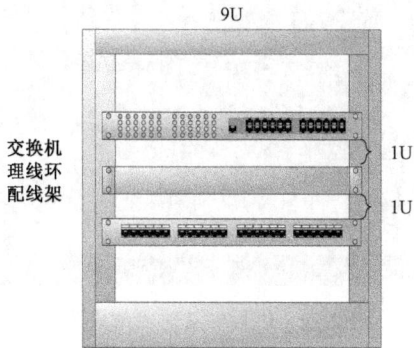

图2-69 机架大样图

【任务实现】

一、施工前准备

（1）读图，理解图纸要求。

（2）准备材料、工具。

（3）小组成员分工。

二、施工步骤与方法

（1）架好梯子，戴好安全帽，背上工具包。所有施工用的工具应放在工具包中。

（2）安装配线架。为便于操作，先将配线架反向安装，即端口向里，接线侧朝外，待端接完毕后再正确反装，如图 2-70 所示。

（3）按任务八的相关操作步骤与方法完成配线架的端接、理线。

端接完成后，把理线环和交换机等设备安装到机柜内，如图 2-71 所示。

图2-70 反向安装配线架

图2-71 安装理线环和交换机

（4）把设备用跳线连接起来，并理好线。设备安装完成效果图如图 2-72 所示。

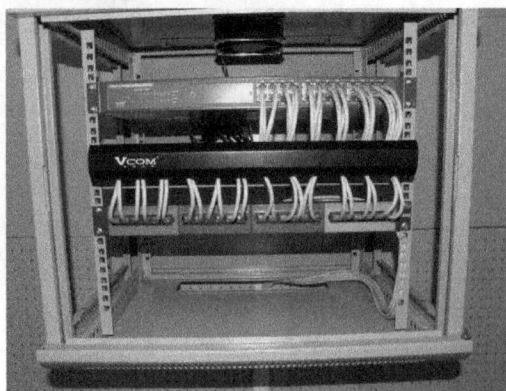

图2-72　机柜安装完成效果图

【知识链接】

管理间子系统

管理间为连接其他子系统提供手段，它是连接垂直干线子系统和水平干线子系统的设备空间。管理间子系统也称为电信间或者配线间，一般设置在每个楼层的中间位置。对于综合布线系统设计而言，管理间主要安装建筑物配线设备，是专门安装楼层机柜、配线架、交换机的楼层管理间。作为管理间子系统，应根据管理信息点的多少安排使用房间的大小，如果信息点多，就应该考虑一个房间来放置；如果信息点少，就没有必要单独设立一个管理间，可选用墙上型机柜来处理该子系统。

管理间子系统的布线设计要点如下：

● 配线架的配线对数由所管理的信息点数决定。
● 进出线路及跳线应采用色表或者标签等进行明确标识。
● 配线架一般由光配线盒和铜配线架组成。
● 供电、接地、通风良好、机械承重合适，保持合理的温度、湿度和亮度。
● 有交换机、路由器的地方要配有专用的稳压电源。
● 采取防尘、防静电、防火和防雷击措施。

【任务回顾】

本实训任务的目标是掌握机柜配线架端接的各个环节，包括理解相关图纸资料，以及削线、压线、打线、理线等各个环节技能。在实训中，操作流程要规范、到位，这是提高端接可靠性与正确性的关键。同时，亦要重视柜内设备与线缆的布局，力求美观与自然流畅。

【任务实训】

把如图 2-69 所示的机架大样图的柜内所有设备上移 2U，重做上述实训内容。

任务十　端接实训设备

【任务描述】

假设某大楼的某一层楼有 4 间房，其中的 3 间房每间有两个数据信息点，一个语音信息点，而楼层管理间（楼层配线间）安装在另一间房中。请用实训台模拟实施该水平系统，具体任务包括系统设计与具体实施。

设计部分包括机柜安装大样图、系统图、材料预算表、端口对照表。

施工部分包括安装配线架、理线环，端接配线架、信息模块及布线等。

【任务实现】

一、完成设计

（1）设计机架大样图，如图 2-73 所示。

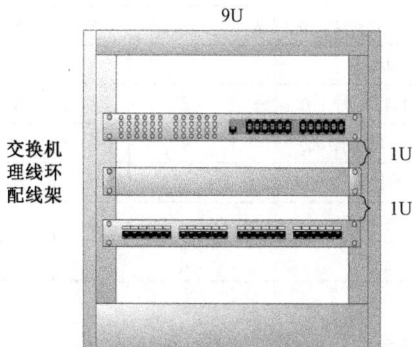

图2-73　机架大样图

（2）设计系统图，如图 2-74 所示。

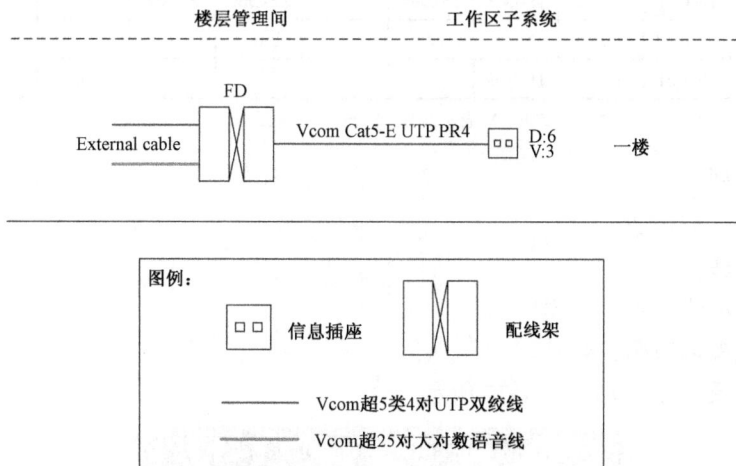

说明：1. 本布线系统设计选用Vcom超5类布线系统。
2. 整个布线系统选用星型结构，所有线缆全部自插座至楼层配线间，最后通过数据/语音主干线缆统一连接至计算机/电话主机房。
3. 图中所示设计信息点共有9个，分为数据、语音；语音用V（VOICE），数据用D（DATA）表示。
4. 图中FD表示楼层配线间，External cable连接到建筑物配线间（BD），数据用超5类4对非屏蔽双绞线，语音用25对大对数电缆。

图2-74　系统图

（3）设计材料预算表，如表 2-15 所示。

表 2-15 综合布线系统材料结算表

序号	产 品	规格/名称	单位	数量	单价（元）	小计（元）
1	双绞线	超 5 类 UTP/24AWG/4 对	米	46		
2	大对数电缆	5 类 25 对大对数语音电缆	米	1		
3	模块	超 5 类 UTP 免打信息模块	个	14		
4	Vcom 面板	86 型双口面板	个	4		
4	Vcom 面板	86 型单口面板	个	4		
5	Vcom 配线架	超 5 类 19 英寸 24 口打线式配线架	个	1		
6	Vcom 配线架	超 5 类 19 英寸 24 口模块化配线架	个	1		
7	Vcom 配线架	19 英寸 110 对 110 配线架	个	1		
8	Vcom 理线架	19 英寸理线架	个	2		
9	鸭嘴跳线	1.5 米 RJ45-1 对 110 跳线	条	3		
37	标签纸	3cm×2cm 标签贴纸	张	50		
11	水晶头	超 5 类水晶头	个	20		
12	扎带标签	15cm 标签扎带	条	30		
合计						

（4）设计配线架端口标签编号对照表，如表 2-16 所示。

表 2-16 机柜配线架端口标签编号对照表

配线架端口	1	2	3	4	5	6	7	8	9	…	23	24
编号	1F-D01	1F-D02	1F-D03	1F-D04	1F-D05	1F-D06	ZD-01					
配线架端口	1	2	3	4	5	6	7	8	9	…	23	24
编号	1F-V01	1F-V02	1F-V03									

说明：编号中 F 表示楼层、D 表示数据、V 表示语音、Z 表示主干接入。

二、项目实施

（1）安装机柜配线架。

（2）水平布线。

（3）端接机柜线架和信息模块。

（4）贴配线架端口标签编号。

项目实施效果如图 2-75～图 2-77 所示。

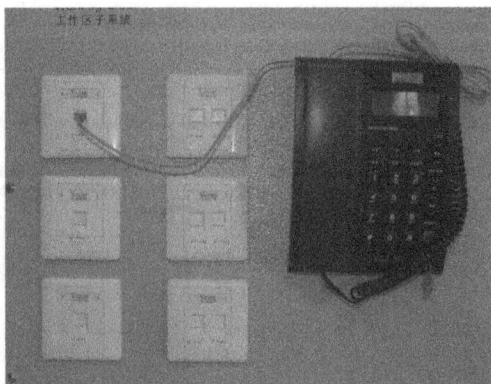

图2-75 实训台工作区效果图

图2-76　实训台背面安装效果图

图2-77　实训台配线端接效果图

【知识链接】

水平子系统设计

水平布线系统是将干线系统延伸到用户工作区的部分，包括从配线柜出发连接各个工作区的信息插座。水平布线一般处于大楼的某一层，它包括传输介质（UTP双绞线或光缆）、介质终端所连的相应硬件。

1．水平子系统设计要点

水平子系统由每层配线设备至信息插座的水平电缆等组成。在整个布线系统中，水平布线是日后最难维护的子系统之一（特别是采用埋入式布线时）。因此，在设计水平子系统时，应当充分考虑线路冗余、网络需求和网络技术的发展。

在设计水平子系统时，应当考虑以下几个方面：

- 根据工程提出近期和远期的终端设备要求
- 每层需要安装的信息插座数量及其位置
- 终端将来可能产生移动、修改和重新安排的详细情况
- 一次性建设与分期建设的方案比较
- 走线方向。确定线路走向一般要由用户、设计人员、施工人员到现场根据建筑物的物理位置和施工难易度来确立
- 线缆、槽、管的数量和类型
- 电缆的类型和长度
- 电缆和线槽
- 采用吊杆还是托架方式走线槽
- 当语音点与数据点互换时，要注意语音水平线缆与数据线缆的类型

2．布线材料的选择

水平布线所需要的布线材料包括线缆（光缆或双绞线）、信息插座及桥架、管材等一些辅料。

（1）线缆

线缆应当按照下列原则选用：

- 水平子系统通常采用 4 对超 5 类或 6 类非屏蔽双绞线。
- 对网络传输速率和安全性有较高要求或者电磁干扰较严重的场合可选用光缆。
- 水平电缆长度应为 90m 以内。

（2）信息插座

信息插座应当按照下列原则选用：

- 信息模块类型应当与水平布线线缆的类型相适应。例如，水平布线选择超 5 类非屏蔽双绞线时，也应当选择超 5 类非屏蔽信息模块。
- 底盒类型应当与所选择的水平布线方式相适应。
- 单口八芯插座宜用于基本型系统；双口八芯插座宜用于增强型系统。
- 综合布线系统设计可采用多种类型的信息插座。

（3）其他布线材料

其他布线材料的选用原则如下：

- 线槽、线管、桥架及配件应当根据水平布线方式适当选择。
- 对于 6 类布线系统而言，应当选择同一厂商的双绞线、信息插座、配线架和跳线，以最大限度地保证产品的兼容性，从而符合 6 类布线测试标准。

【任务回顾】

本实训任务的目标是理解实训任务需求，并对此需求进行相关的工程设计，然后按图纸进行施工的过程。通过本实训，除了使学生进一步熟练掌握削线、压线、打线、理线、布线等各个环节技能外，还要使学生理解完成一个完整工程所需要的设计知识与技能。

【任务实训】

在上述任务十的基础上增加二楼，二楼有 3 间房，每间房有两个数据信息点。二楼信息点在模拟墙上实现。按上述任务的要求完成设计与施工。

任务十一　光纤熔接

【任务描述】

假设水平链路与垂直主干之间需要高带宽，则必须使用光纤进行连接。

光纤熔接技术主要是用熔纤机将光纤和光纤或光纤和尾纤连接，把光缆中的裸纤和光纤尾纤熔合在一起变成一个整体，而尾纤则有一个单独的光纤头。

【任务实现】

一、准备器材和工具

1. 工具表（如表 2-17 所示）

表 2-17 工具表

设备名称	数量	单位	检查结果		备注
美工刀					
老虎钳					
尖嘴钳					
剥线钳					
光纤清洁工具					
光纤陶瓷剪刀					
双口光纤涂覆层剥离钳					
光纤头压接钳					
光纤熔接机					

2．器材表（如表 2-18 所示）

表 2-18 器材表

设备名称	数量	单位	检查结果		备注
			数量	性能	
室外铠装光缆					可用光纤跳线代替
光纤跳线					
光纤收容箱					
无水酒精					
无纺布					可用镜头纸替代
光纤热缩套管					

光纤熔接需用到的工具如图 2-78 所示。

图2-78 光纤熔接工具和熔接机

提示

① 进入实验前，必须先洗净双手，自备擦手毛巾。在实验中，如果弄脏双手或者手汗太多，都应该洗手后再继续工作（因为皮肤油脂会沾上光纤）。

② 为保证低损耗、高强度的融接，请在融接准备时先将光纤清洁干净，并尽可能精确地切断光纤。

③ 光纤融接机是精密仪器，为获得良好的接续效果，请在清洁的环境中小心使用。温度和湿度条件对于融接质量的稳定十分重要。

④ 小心使用光纤，因为光纤极易刺破皮肤并折断。切断光纤时，请勿随处丢弃碎纤。保证融接机和切割刀周围清洁整齐。

⑤ 在熔接作业开始前应进行放电试验，以确保放电条件适合施工现场环境。放电试验能自动调节因光纤不同、环境变化及电极劣化而产生的条件改变。

⑥ 熔接机应远离易燃易爆气体。气体易在通风不良的隧道或人多处聚集，请按要求进行各项试验、清洁及通风操作。

二、具体步骤

（1）剥光纤加固钢丝，约剥1米长，如图2-79所示。

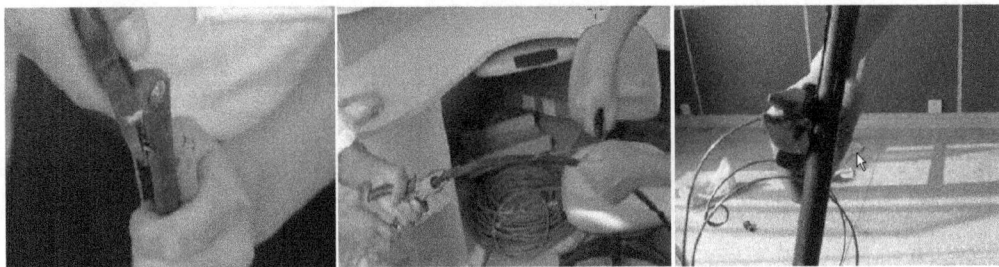

图2-79　剥光纤加固钢丝

（2）剥光纤外皮，如图2-80所示。

（3）剥光纤金属保护层（用美工刀轻刻），如图2-81所示。

（4）轻拆光纤让金属保护层断裂，如图2-82所示。

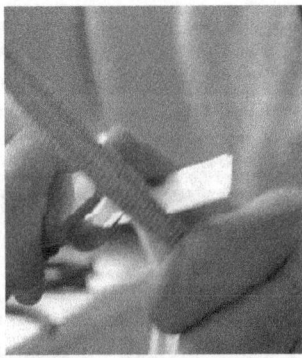

图2-80　剥光纤外皮　　　　图2-81　剥光纤金属保护层　　　　图2-82　轻拆剥光纤金属保护层

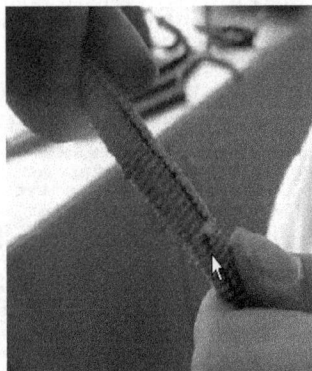

（5）剥开光纤外套塑料保护管。

① 用美工刀在塑料保护管四周轻刻，不要太用力，以免损伤光纤，如图2-83所示。

② 轻拆光纤让塑料保护管断开，弯角不能大于45°，如图2-84所示。

③ 轻拉开塑料保护管，如图 2-85 所示。

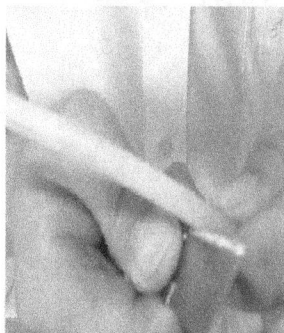

图2-83 轻刻保护管

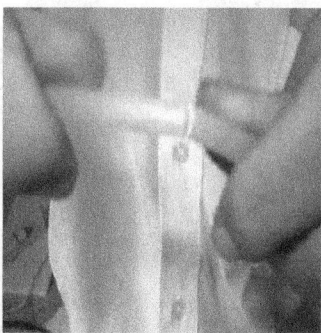

图2-84 断开保护管

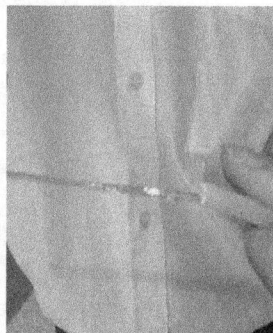

图2-85 轻拉保护管

（6）清洁光纤

① 用无纺布（或者镜头纸）沾酒精，如图 2-86 所示。

② 清洁每一根光纤，如图 2-87 所示。

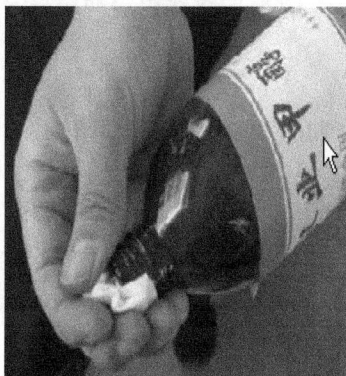

图2-86 用无纺布沾酒精

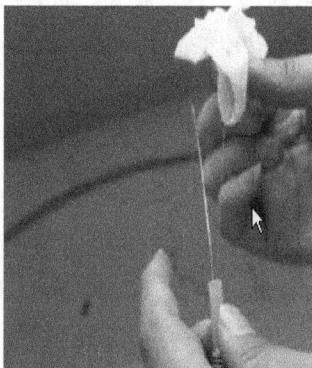

图2-87 清洁每一根光纤

（7）光纤熔接前处理。

① 套上光纤热缩套管，如图 2-88 所示。

② 用光纤切割器切断光纤，如图 2-89 所示。

③ 将切断的光纤放到光纤熔接机的一侧，如图 2-90 所示。

④ 固定光纤，如图 2-91 所示。

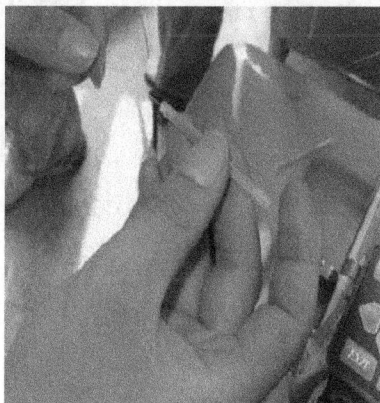

图2-88 套上热缩套管

图2-89 切断光纤

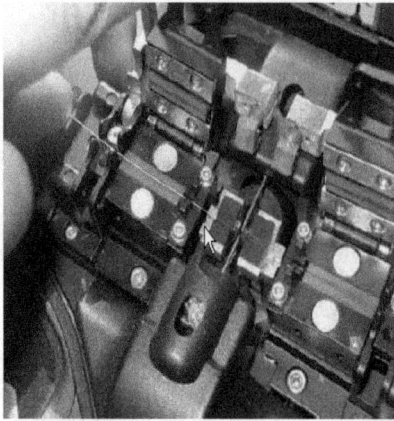

图2-90　放置光纤　　　　　　　　　　　　图2-91　固定光纤

（8）光纤跳线的加工。

① 将如图 2-92 所示的光纤跳线，当中剪断分开。

② 剪掉光纤跳线石棉保护层，如图 2-93 所示。剥好的跳线内缓冲层与涂覆层之间长度至少 20cm，如图 2-94 所示。

提示

用光纤剥线钳一次性剥除 20～30mm 长的光纤被覆。剥除时，光纤保持平直，绝对不允许用力弯曲光纤或把光纤缠在手指上。

光纤涂面层的剥除，要掌握平、稳、快三字剥纤法。"平"即持纤要平，左手拇指和食指捏紧光纤，使之成水平状，所露长度以 5cm 为准，余纤在无名指、小拇指之间自然打弯，以增加力度，防止打滑。"稳"即剥纤钳要握得稳。"快"即剥纤要快，剥纤钳应与光纤垂直，上方向内倾斜一定角度，然后用钳口轻轻卡住光纤，右手随之用力，顺光纤轴向平推出去，整个过程要自然流畅。

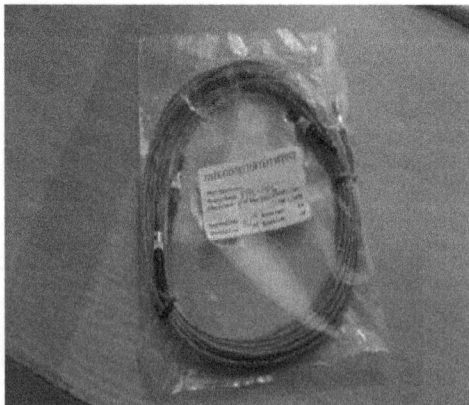

图2-92　光纤跳线　　　　　　　　　　　　图2-93　剪掉石棉保护层

③ 用沾无水酒精的无纺布或者镜头纸将光纤擦试干净，如图 2-95 所示

④ 用光纤切割器切开光纤跳线，如图 2-96 所示。

⑤ 将切好的光纤跳线放到光纤熔接机的另一侧，如图 2-97 所示。

图2-94 已剥好的光纤

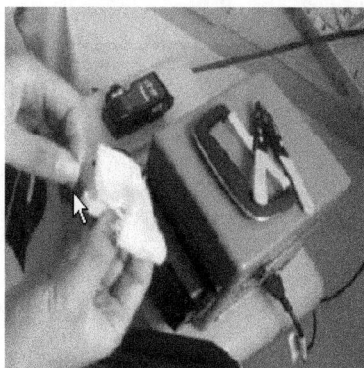

图2-95 清洁光纤

图2-96 切割光纤跳线

图2-97 放置光纤跳线

⑥ 固定光纤跳线，如图 2-98 所示。

（9）光纤熔接。

① 按光纤熔接机上的"SET"键开始熔接光纤，如图 2-99 所示。

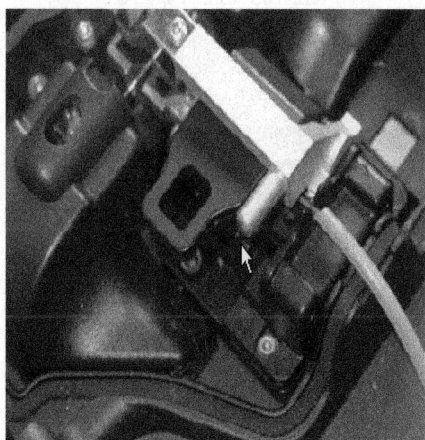

图2-98 固定光纤跳线

图2-99 熔接光纤

② 光纤 X、Y 轴自动调节，如图 2-100 所示

③ 熔接结束的观察损耗值，熔接不成功会告知原因，如图 2-101 所示。

④ 用光纤热缩套管完全套住剥掉绝缘层部分，如图 2-102 所示。

⑤ 将套好热缩套管的光纤放到加热器中，如图 2-103 所示。

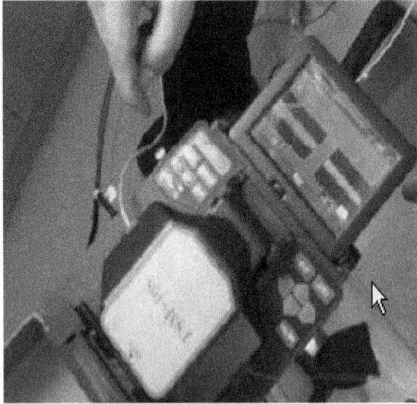

图2-100　自动调节位置

图2-101　显示结果

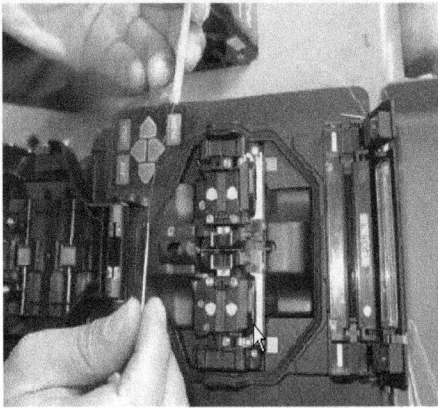

图2-102　安装热缩套管

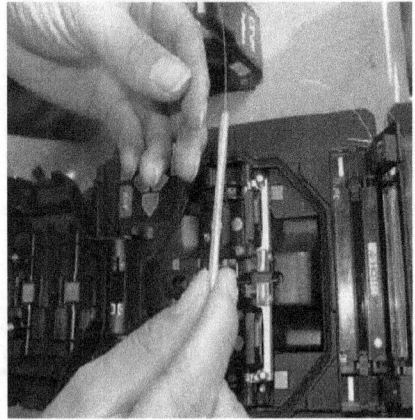

图2-103　放入加热器

⑥ 按"HEAT"键加热，如图 2-104 所示。

⑦ 取出已加热好的光纤，如图 2-105 所示。

图2-104　熔接光纤

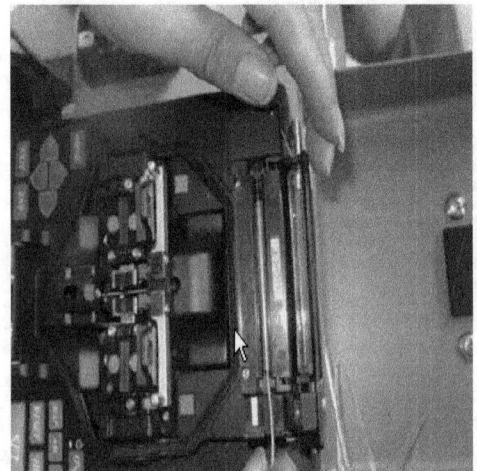

图2-105　取出已加热好的光纤

上述是焊一芯光纤步骤，重复上述步骤完成其他光纤熔接。

（10）将熔接好的光纤装入光纤收容箱。

① 取出已加热好的光纤,将熔接好的光纤装入光纤收容箱,如图 2-106 所示。

② 用封箱胶纸进行固定,如图 2-107 所示。

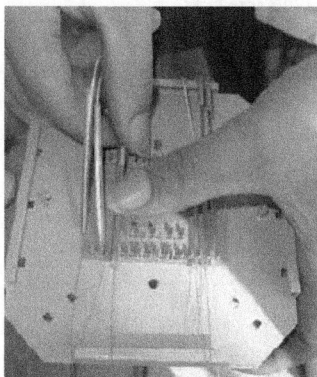

图2-106 光纤在收容箱排线

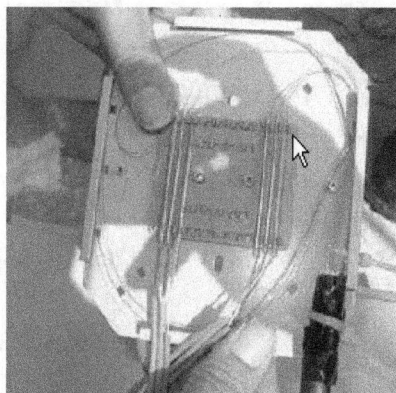

图2-107 用封箱胶纸固定

③ 取出已加热好的光纤固定并盘好,然后将光纤接头接入光纤耦合器,如图 2-108 所示。

④ 取出已加热好的光纤跳线的另一头(方口)接 SWITCH HUB 光纤模块,如图 2-109 所示。

图2-108 接入光纤耦合器

图2-109 接入光纤模块

【知识链接】

一、光纤概述

光纤通信系统是以光波为载体、光纤为传输介质的通信方式。光缆是数据传输中最有效的一种传输介质,由光纤扎成束组成。

1. 光纤的结构

光纤和同轴电缆相似,只是没有网状屏蔽层。纤芯通常是由石英玻璃制成的横截面积很小的双层同心圆柱体,它质地脆、易断裂,因此需要外加一个保护层,如图 2-110 所示。

2. 光纤通信系统主要优点

由于光纤是一种传输媒介,它可以像一般铜缆线传送语音信号或电脑数据等资料,有所不同的是，光纤传送的是光信号而非电信号。光纤通信成为现阶段通信的支柱，主要有以下几个优点：

- 传输频带宽、通信容量大，短距离时达几千兆的传输速率。
- 线路损耗低、传输距离远。
- 抗干扰能力强，应用范围广。
- 线径细、质量小。
- 抗化学腐蚀能力强。
- 光纤制造资源丰富。

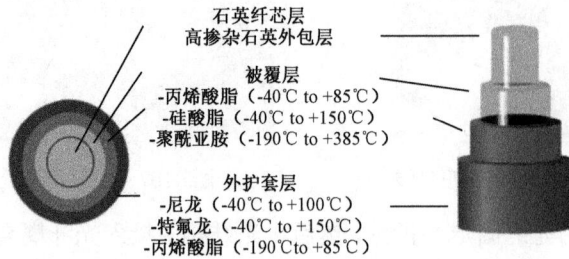

图2-110　光纤的结构

二、光纤的种类

光纤主要有两大类，即单模和多模光纤，如图 2-111 所示。

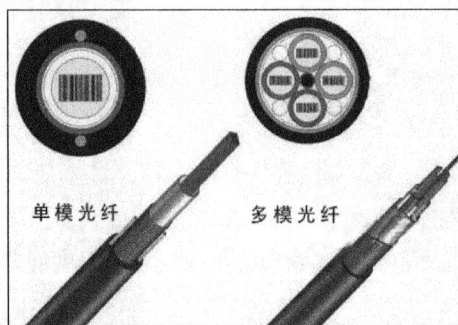

图2-111　单模光纤和多模光纤

在多模光纤中，芯的直径是 15～50μm，大致与人的头发的粗细相当；而单模光纤芯的直径为 8～10μm。在网络工程中，一般是 62.5μm /125μm 规格的多模光纤，有时也用 50μm/125μm 和 100μm/140μm 规格的多模光纤。户外布线大于 2km 时可选用单模光纤。

常用的光纤有：

- 纤芯直径为 8.3μm、外层直径为 125μm 的单模光纤。
- 纤芯直径为 62.5μm、外层直径为 125μm 的多模光纤。
- 纤芯直径为 50μm、外层直径为 125μm 的多模光纤。
- 纤芯直径为 100μm、外层直径为 140μm 的多模光纤。

三、光缆

将多根光纤拧在一起像绳子一样，称为光缆。常见光缆分类如表 2-19 所示。

表 2-19 光缆常见分类法及种类

分 类 方 法	光 缆 种 类
按所使用的光线分类	单模光缆、多模光缆
按缆芯结构划分	层绞式、骨架式、大束管式、带式、单元式
按外护套结构分类	无铠装、钢带铠装、钢丝铠装
按光缆中有无金属分类	有金属光缆、无金属光缆
按敷设方式分类	直埋光缆、管道光缆、架空光缆、水底光缆
按适用范围分类	中继光缆、海底光缆、用户光缆、局内光缆、长途光缆
按维护方式分类	充油光缆、充气光缆

尾纤又叫猪尾线，只有一端有连接头，另一端是一根光缆纤芯的断头，通过熔接与其他光缆纤芯相连，常出现在光纤终端盒内，用于连接光缆与光纤收发器（之间还用到耦合器、跳线等）。

四、光纤连接器

就像用铜缆连接器端接铜缆一样，光纤连接器是用来对光缆进行端接的。但光纤连接器与铜缆连接器不同，它的首要功能是把两条光缆的芯子对齐，提供低损耗的连接。光缆不能提供两条光缆之间的电气连接，连接器的对准功能使得光线可以从一条光缆进入另一条光缆或者通信设备。实际上，光纤连接器的对准功能必须非常精确。

光纤连接器为 male 式连接器，female 式连接器用在通信设备上。耦合器是把两条光缆连接在一起的设备，使用时把两个连接器分别插到光纤耦合器的两端。耦合器的作用是把两个连接器对齐，保证两个连接器之间有一个低的连接损耗。

按照不同的分类方法，光纤连接器可以分为不同的种类。按照传输媒介的不同，可分为单模光纤连接器和多模光纤连接器；按照结构的不同，可分为 FC、SC、ST、D4、DIN、MT等各种形式；按照连接器的插针端面，可分为 FC、PC（UPC）和 APC 3 种形式；按照光纤芯数的差别，可分为单芯、多芯。在实际应用中，一般按照光纤连接器结构的不同来加以区分，常见的光纤连接器有以下几种。

1. FC 型光纤连接器

FC 是 Ferrule Connector 的缩写，如图 2-112 所示，表明其外部加强方式是采用金属套，紧固方式为螺钉扣。最早的 FC 类型的连接器采用的陶瓷插针的对接端面是平面接触方式（FC）。此类连接器结构简单，操作方便，制作容易，但光纤端面对微尘较为敏感，且容易产生菲涅尔反射，提高回波损耗性能较为困难。后来，对该类型连接器做了改进，采用对接端面呈球面的插针（PC），而外部结构没有改变，使得插入损耗和回波损耗性能有了较大的提高。

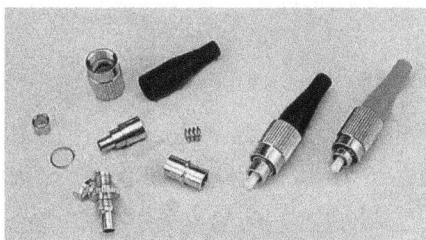

图2-112 FC连接器

2. SC 型光纤连接器

SC 型光纤连接器外壳呈矩形，它与 RJ-45 相当，所采用的插针与耦合套筒的结构尺寸与 FC 型完全相同，如图 2-113 所示。其中，插针的端面多采用 PC（球面）型或 APC 型（研磨）方式；紧固方式采用插拔销闩式，无须旋转。此类连接器价格低廉，插拔操作方便，介入损耗波动小，抗压强度高，安装密度高。SC 型连接器主要用来连接两条光纤束，用于光纤的拼接，但制作起来比较困难。

3. ST 型光纤连接器

ST 型光纤连接器在网络工程中最为常用，其中芯是一个陶瓷套管，外壳呈圆形，所采用的插针与耦合套筒的结构尺寸与 FC 型完全相同，如图 2-114 所示。其中，插针的端面采用 PC 型或 APC 型，紧固方式为螺钉扣。安装时必须人工或用机器将光纤抛光，去掉所有的杂痕，外壳旋转 90° 就可以将插头连接到护套上。ST 型光纤连接器适用于各种光纤网络，操作简便而且具有良好的互换性。

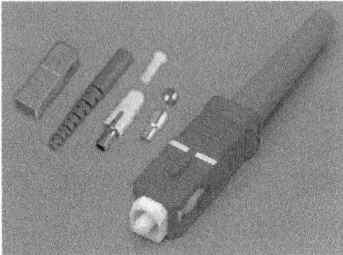

图2-113　SC连接器　　　　　　　　图2-114　ST 连接器

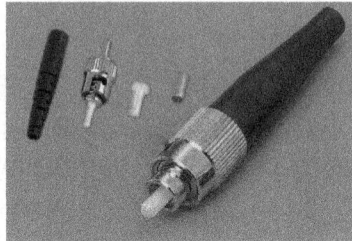

4. SMA 连接器

SMA 连接器外观与 ST 连接器相似，但外壳连接采用螺纹，与护套连接方式更紧密，特别适合在有强烈震动的地方（如野战部队）使用，如图 2-115 所示。如果使用两条光纤来传输网络信号，则 ST 和 SMA 都是在每个光纤上安装一个连接器，两个连接器的护套上分别标志不同的颜色标记，以区别光纤束。

5. LC 型光纤连接器

LC 型光纤连接器是著名的贝尔研究所研究开发的，采用操作方便的模块化插孔闩锁机理制成。该连接器所采用的插针和套筒的尺寸是普通 SC 型、FC 型等所用尺寸的一半，提高了光配线架中光纤连接器的密度，如图 2-116 所示。目前，在单模方面，LC 类型的连接器已经占据了主导地位，在多模光纤方面的应用也迅速增长。

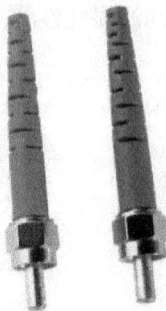

图2-115　SMA连接器　　　　　　　　图2-116　LC连接器

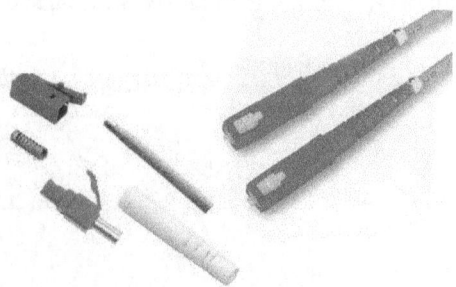

6. MU 型光纤连接器

MU 型光纤连接器是以 SC 型连接器为基础研发的世界上最小的单芯光纤连接器，该连接器采用 1.25 mm 直径的套管和自保持机构，其优势在于能实现高密度安装，如图 2-117 所示。随着光纤网向更大带宽、更大容量方向的迅速发展，社会对 MU 型光纤连接器的需要也迅速增长。

五、光纤熔接机

光纤熔接机（以下简称为熔接机）主要用于光通信中光缆的施工和维护。主要是靠放出电弧将两头光纤熔化，同时运用准直原理平缓推进，以实现光纤模场的耦合。

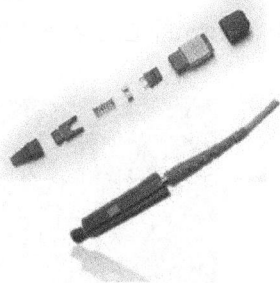

图2-117　MU连接器

熔接机主要运用于各大电信运营商、工程公司、企事业单位专网等。也用于生产光纤无源和有源器件和模块等的光纤熔接。

熔接机操作步骤如下（各熔接机操作步骤类似）。

（1）接通电源后开机。打开箱子取出熔接机，将其放置于坚硬的水平工作台上。打开盖子，竖起 LCD 显示屏。将电源线连接至机身右侧的电源插孔，将开关置于 AC 位置。熔接机启动完毕后蜂鸣器提示，屏幕显示"融接方式菜单"，如图 2-118 所示。

（2）检查/设定融接条件。熔接机接通后，屏幕显示含有当前设定的"熔接方式菜单"，设定一般为"自动方式"。当前的光纤熔接条件应和被熔接的光纤条件相一致。如需选择不同的光纤类型，则选择下面各种类型，如图 2-119 所示。

图2-118　光纤熔接机

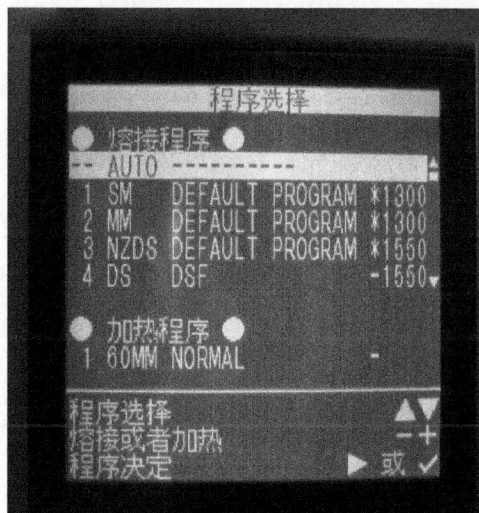

图2-119　屏幕显示

（3）将热保护套管穿入需熔接的光纤。请确认在光纤剥线及剪断之前，将保护套管套在其中一根需要融接的光纤上，如图 2-120 所示。热缩套管应在剥覆前穿入，严禁在端面制备后穿入。

（4）切断光纤。用专业的光纤切断工具（光纤切割刀）切断光纤。一般建议切断长为 14～16mm（光纤切断后，不能再触摸，或者擦拭光纤）。光纤熔接机也带有切断功能，详细操作步骤如下。

① 拉起开关杆以打开光纤夹机械装置。

② 确定刀刃在前端初始位置。

③ 拉起光纤适配器夹并将光纤置于凹槽内，如图 2-121 所示。

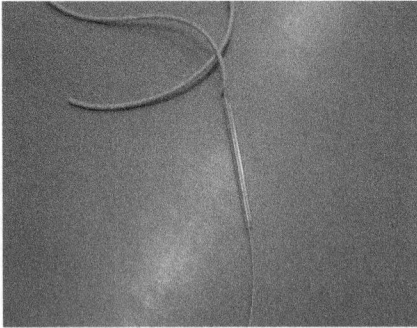

图2-120　套上热缩保护管后的效果

图2-121　放置光纤

④ 将光纤适配器（V 型夹具）上的刻度调适到所需切割的长度。

⑤ 确保光纤保持竖直，关闭光纤适配器夹，如图 2-122 所示。

⑥ 合上并关闭光纤夹机械装置。

⑦ 滑动刀柄切割光纤，如图 2-123 所示，请注意"②"所在的位置的变动。

⑧ 拉起开关杆打开光纤夹机械装置。

⑨ 打开光纤适配器夹，小心拾取光纤。

⑩ 取走光纤并小心处理残余物。

图2-122　关闭光纤适配器夹

图2-123　切割光纤

（5）放置光纤。熔接机的参数调整完毕、光纤端面处理好后，可以将处理好的光纤放置于熔接机的 V 形槽中。打开防风盖后，找到位于熔接机顶部中间位置的 V 形槽和光纤夹。首先将光纤夹顶钮向后推，松开光纤夹。抬起光纤夹可同时抬起裸光纤夹和包层光纤夹。将光纤放入 V 形槽，使光纤端面悬伸至熔接部位上方。光纤应大致位于 V 形槽和电极的中间。包层末端应和熔接机上的切断长标记对准（注意：请勿将光纤端面触及任何部位，以免弄脏或损坏光纤）。轻轻将光纤夹压片压下，使得光纤包层夹压紧光纤包层。然后放下裸光纤夹，使光纤嵌入 V 形槽中，如图 2-124 所示。以相同方法处理另一根光纤。关闭防风盖，并确认光纤从防风盖两侧缺口中伸出。

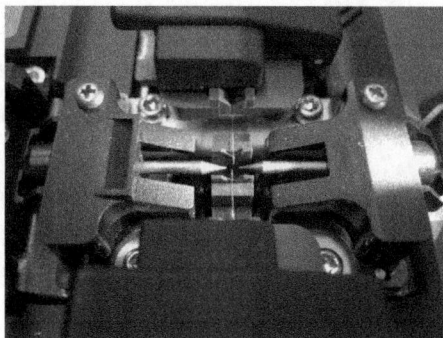

图2-124　将光纤嵌入V形槽

　　裸纤的清洁、切割和熔接的时间应紧密衔接，不可间隔过长，特别是以制备的端面，切勿放在空气中。移动时要轻拿轻放，防止与其他物件擦碰。在接续中应根据环境，对切刀 V 形槽、压板、刀刃进行清洁，谨防端面污染。

　　（6）按绿色按钮开始自动熔接，如图 2-125 所示。

　　（7）若熔接结果良好，屏幕提示"打开防风盖"，并显示"接续损耗"，如图 2-126 所示。如果切割角度不好，则会出现如图 2-127 所示的显示。

图2-125　熔接按钮　　　　图2-126　熔接良好提示　　　　图2-127　熔接不良

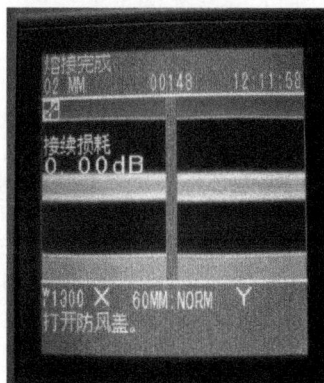

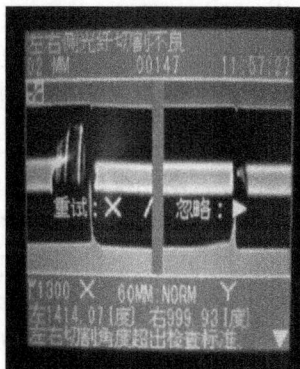

　　（8）取出熔好的光纤，如图 2-128 所示，为了能显示光纤，这里将光纤染色，将热缩保护套管移至熔接点，如图 2-129 所示。

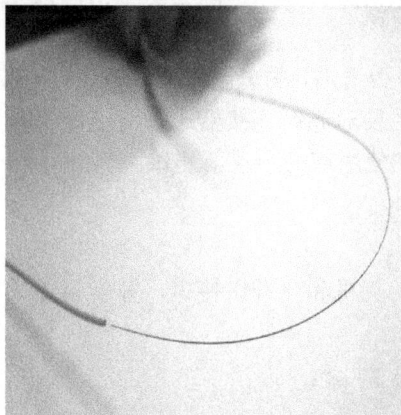

图2-128　已熔接好的光纤　　　　　　图2-129　热缩保护管理位置

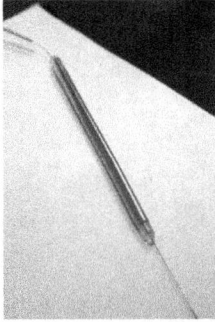

图2-130　熔接点使用热缩保护管效果

（9）取出熔接和加强完毕的光纤（如未使用热保护套管，此项不做），约 90 秒后，熔接机加热完成。抬起两端夹具，取出补强部分。轻拉光纤两端保持其平直。目测加热结果，如图 2-130 所示。

提示：

光纤端接的方式并不仅仅是在现场施工时才会面临的问题，而是在布线项目的设计阶段和产品选型时就必须考虑的事项，而且不同的光纤端接方式也各有利弊。"纤对纤"是指铺设光纤与在工厂已端接了一端光连接器的尾纤（Pigtail）相连接，有两种方式，分别为熔接和机械接续。"纤对纤"这两种方式共同的好处是光纤端接方式不受光连接器类型选择的影响，并且尾纤上光连接器是在工厂装成的，经过检验，性能有保障。熔接是相对最快的光纤端接方式。用辅助工具将铺设光纤与尾纤剥去外皮、切割、清洁后，在熔接盘等的保护下使用光熔接机"熔"为一体即可。熔接方式稳定可靠，失败率在1%以下，缺点是需要在现场有电源，设备体积庞大、价格昂贵而且需要专业人员操作和日常维护。机械接续是将铺设光纤与尾纤均剥去外皮、切割、清洁后，插入接续匹配盘中对准、相切并锁定。机械接续过程可逆，速度也较快，失败率略高于熔接，工具简易投入很小，但接续匹配盘通常不便宜。纤对接头是指铺设光纤与光连接器直接相连接。也大致分两种方式分别为黏合剂/打磨和非现场打磨。黏合剂/打磨是将铺设光纤剥去外皮、清洁后穿入光连接器，再沿光连接器末端面切割并按一定的程序手工打磨。在工厂环境下制作尾纤或跳线，或者用机器成批打磨，光纤与连接器之间由粘合剂接合。这一方式需要一些消耗品，工具经济易携，操作简便，大多数人一次即可学会，但是品质稳定性依赖于操作人员的熟练度。

将连接器和适配器进行标记并进行色彩编码能够防止不同类型的光线错误相连。多模适配器应当是米黄色的，而单模为蓝色，APC 连接器则为绿色。多模连接头或它的可视部分必须是浅褐色的。多模适配器或出口必须是浅褐色的颜色识别。单模连接头或它的可视部分必须是蓝色的。单模适配器或出口必须是蓝色的颜色识别。

光纤连接器、跳线、尾纤及适配器在出厂时都会带有防尘帽。防尘帽的作用除了保证连接器清洁之外，更主要的目的是为了保护光纤连接器端面，避免直接接触连接器端面而损坏连接器。只有在安装、测试、使用时才可将防尘帽除去。一但除去防尘帽，该光纤连接器必须与另一个清洁后的光纤连接器耦合。

因为不能够确定在盖上防尘帽之前，端面是否清洁，另外防尘帽本身也并一定是洁净的，所以要养成良好的习惯，即使有防尘帽存在，也要对光纤连接器进行清洁。当测试完毕一条光纤链路之后，请立即安装防尘帽，否则链路在使用前必须重新测试。

【任务回顾】

本实训任务的目标是使学生学会使用光纤切割机和光纤熔接机，并学习相关联的实验知识，要求学生掌握光纤熔接的步骤和注意事项。

【任务实训】

准备两段尾纤，严格按照步骤进行熔接。

项目三 测试与验收

【项目描述分析】

在布线工程中，用户需要整个通信链路合格，工程验收的一项重要内容就是要以链路标准对布线链路进行测试，符合标准的工程合格，不符合标准的工程不合格。并将这种测试称为认证测试。

根据该项目××公司新租赁某楼高为25层的大楼5楼（建筑面积550平方米，楼层平面图如图1-1所示）作为办公场所，楼层内设有一个弱电间供综合布线走线使用，现要根据公司需求对其进行综合布线系统建设。公司的信息处理机房设在510房间，位于弱电间旁边。

数据系统从端到端采用全5e类连接硬件产品，以保证信息传输达到100Mbps，支持数据传输、多媒体等宽带传输等技术；语音系统选用全5e类连接硬件产品，保证语音信号通信。

信息插座：
- 选用5e类信息模块，支持100Mbps高速数据传输。
- 选用5e类信息模块，支持语音传输。

水平线缆：
- 选用优质的4对5e类非屏蔽双绞电缆支持高速数据传输和监控图像信号。
- 选用优质的4对5e类非屏蔽双绞电缆支持语音传输。

干线线缆：
- 选用六芯室内光纤作为数据干线，连接大楼数据系统，支持高速数据传输。
- 选用100对3类大对数电缆作为语音系统的干线，连接大楼语音系统，支持语音传输。

配线架：

在各楼层配线间和主配线间分别选用100对、300对、900对墙上型配线架，连接和管理数据系统、语音系统、监控系统的信息传输。

由于主干用到光纤，因而将测试分为线缆与光缆两个部分。

认证测试是以综合布线链路标准为依据对布线链路进行测试。目前综合布线系统中主要是5类布线系统和6类布线系统，根据工程技术人员习惯采用的EIA/TIA标准，以永久链路与通道链路两种测试模型完成现场认证测试。

任务一 跳线测试

【任务描述分析】

布线工程验收测试和网络测试工作中有不少与跳线相关的故障和问题，通道的一些关键传输参数（例如近端串扰（NEXT）和回波损耗（RL））受用户及设备跳线的影响非常大。在布线系统为网络应用提供服务时就需要端到端的性能保证，这通常需要对整条布线链路进行端到端的通道 Channel 认证测试。但有一个可行的简单方法简化二次认证测试，就是对链路中新加入的跳线进行认证测试。

【任务实现】

一、安装 DTX 跳线测试适配器

做跳线测试前先安装如图 3-1 所示的跳线测试适配器，安装后的效果如图 3-2 所示。

二、连接被测跳线

连接被测跳线的效果如图 3-3 所示。

Text Box: 被测跳线

被测
跳线

图3-1　跳线测试适配器　　　图3-2　已安装跳线测试适配器的DTX　　　图3-3　测试跳线连接示意图

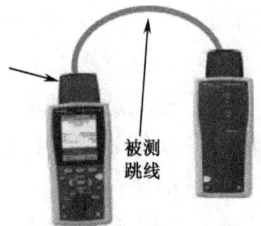

三、设置测试仪

（1）连接好测试仪后，如图 3-4 所示，按绿键启动 DTX，并选择中文或中英文界面。

（2）选择双绞线、测试类型和标准，如图 3-5 所示。

① 将旋钮转至 SETUP。

② 选择"Twisted Pair"。

③ 选择"Cable Type"。

④ 选择"UTP"。

⑤ 选择"Cat 5e UTP"。

图3-4　DTX电缆认证分析仪启动界面　　　图3-5　DTX电缆认证分析仪Cable Type界面

⑥ 选择"Test Limit"，然后选择"TIA Cat 5e Channel"，如图 3-6 所示。

（3）按"TEST"键，启动自动测试，完成一条正确链路的测试。

（4）保存测试结果。

在 DTX 测试仪中为测试结果命名，测试结果名称在如图 3-7 所示的 SAVE 界面下保存，根据每一条跳线在项目中的名称命名，例如，在该项目中 501 房间的 05D01 号信息点跳线测试结果命名为 05D01GZQ 与 05D01GLQ，分别表示信息点 05D01 工作区的跳线及信息点 05D01 管理子系统的跳线。

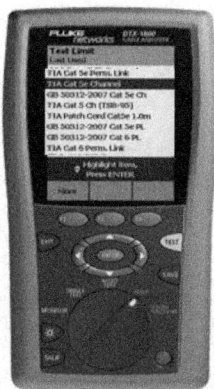

图3-6　DTX电缆认证分析仪Test Limit界面　　　图3-7　DTX电缆认证分析仪测试结果命名界面

① 通过 LinkWare 预先下载。

② 可以通过如下方式命名，手动输入。

● 自动递增。

● 自动序列。

③ 保存测试结果。测试通过后，按"SAVE"键保存测试结果，结果可保存在内部存储器和 MMC 多媒体卡中。

【知识链接】

跳线测试可以确定跳线的端接是否正确，对每一条跳线都要进行测试以确定其端接是否正确。每条跳线的每个线对都要进行测试，确定其在每个端接部件上都端接在正确的位置。

对跳线的测试可以检验每条跳线的性能，称为跳线性能评估。为了测试跳线的性能，要在一个大的频率范围内进行测试，这些频率在不同通信系统传输信号时都会用到，这样可以保证跳线能够达到或超过工业规定的标准。

【任务回顾】

本任务中学习了使用 DTX1800 电缆认证分析仪对跳线进行测试，要求注意的有以下几点：

● 选择合适的测试适配器。

● 在认证分析仪上选择正确的测试功能档位。

● 跳线测试是一个烦琐的工作，需要对每一条跳线都进行详细且认真的测试以保证每条跳线都达到标准的要求。

任务二　通道测试

【任务描述分析】

通道链路在 TIA 和 ISO 标准中是连接网络设备进行通信的完整链路，是包括配线间中连接网络设备的跳线、工作区中连接网络设备的跳线及连接配线架跳线的端到端的链路。如图 3-8 所示在布线系统为网络应用提供服务时就需要端到端的性能保证，因此需要对整条布线链路进行端到端的通道 Channel 认证测试。

在该项目中，我们选择信息点为 05D01 的通道链路进行测试。

实际安装的链路——通道

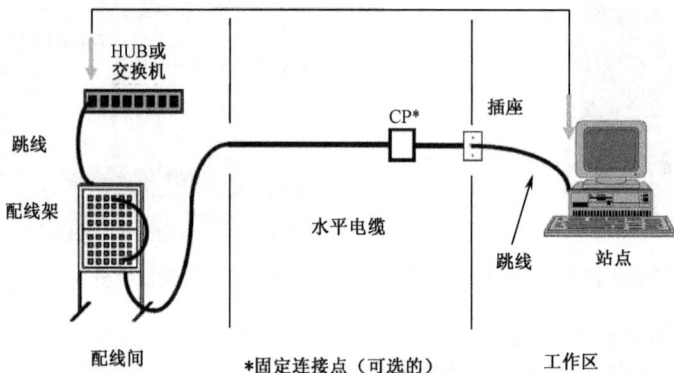

图3-8　通道链接示意图

【任务实现】

一、安装 DTX 跳线测试适配器

安装 DTX 跳线测试适配器与项目三的任务一相同，这里不再赘述，参见图 3-1 和图 3-2。

二、连接被测链路

通道测试使用原跳线连接仪表，将测试仪主机连接到配线架 05D01 信息端口的跳线一端，远端主机连在被测链路 501 房间 05D01 的信息点插座上跳线的一端，连接方式如图 3-9 所示。

三、设置 DTX 测试仪

（1）连接好测试仪后，按绿键启动 DTX，并选择中文或中英文界面，参见图 3-4 所示。

（2）设置测试仪的绞线、测试类型和标准，同项目三任务一中的设置，参见图 3-5 和图 3-6。

① 将旋钮转至 SETUP。

② 选择"Twisted Pair"。

③ 选择"Cable Type"。

④ 选择"UTP"。

通道质量验收测试

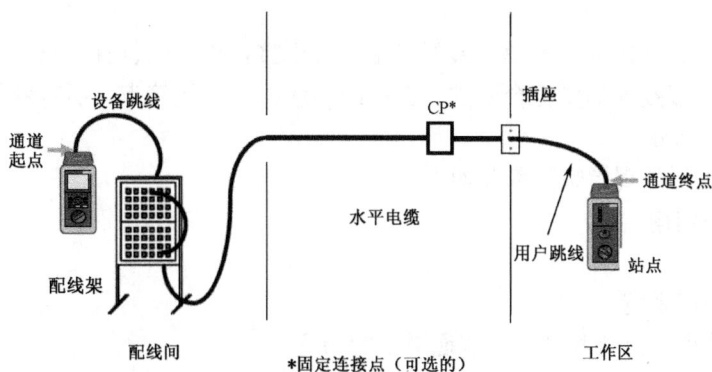

图3-9 连接被测通道示意图

⑤ 选择"Cat 5e UTP"。

⑥ 选择"Test Limit"。

⑦ 选择"TIA Cat 5e Channel"。

（3）按"TEST"键，启动自动测试，完成一条正确链路的测试。

四、保存测试结果

在 DTX 测试仪中为测试结果命名，如可将在该项目中 501 号房间的 05D01 号通道测试结果命名为 05D01TD。方法同项目三的任务一，参见图 3-7。

（1）通过 LinkWare 预先下载。

（2）可以通过如下方式命名，手动输入。

● 自动递增。

● 自动序列。

（3）保存测试结果。测试通过后，按"SAVE"键保存测试结果，结果可保存在内部存储器和 MMC 多媒体卡中。

【知识链接】

电缆测试是一个组织性很强的系统化工作，它的目的是检验通信电缆的敷设和端接是否正确，通过一些测试设备可以确定布线工程是否达到工程要求和工业布线标准。通过电缆测试，可以确认工程敷设的正确性并保证将来运行的平稳。电缆测试可以确定当前的应用在新的布线系统中能够成功运行，它同时还提供一些性能要求以保证将来的应用。

测试通信电缆的步骤如下。

（1）电缆和电缆端接的外观检验。

（2）连通性测试。

（3）性能测试。

一、外观测试

外观检验是对新敷设布线系统测试的第一步。一般在线缆敷设完工以后，必须对整个布线系统进行外观检验，项目经理必须对敷设的电缆、电缆通道和电缆端接进行检验。

检查电缆走向时必须确定通信电缆敷设在正确的电缆通道上，电缆在电缆路径上的支撑结构布置适当。电缆支撑的间隔要合适，这样电缆才不会松弛下垂。检查电缆通道时，要检验通信电缆是否被压紧或者错误地安装在支撑结构上。外观检查还要保证电缆通道的电缆数量不能过量。

电缆的端接也必须检查，外观检验要确定电缆端接在恰当的位置，它还要确定颜色编码和敷设所采用的端接技术都要符合要求。在布线系统的任何端接点，所有双绞线电缆的非绞线部分不得超过 13nm。

布线系统需进行外观检验的部分如下：

- 电缆支撑结构
- 电缆通道
- 接地和焊接系统
- 电缆在管道、支架和其他电缆通道上的布置
- 所有电缆线对的端接
- 工作区和设备接插软线的连接
- 所有布线系统部件的标记

二、连通性测试

测试布线系统的第二步是进行全面的连通性测试。只有通信电缆能够连通，才能完成通信信号在通信系统设备之间的电气连通。通信电缆通常为多线对电缆，每个电缆线对都要根据专门的接口规范与连接硬件部分的不同插针端接。

三、性能测试

测试布线系统的第三步是进行全面的性能测试。性能测试可以确认在施工过程中采用了适当的部件和敷设方法，性能测试还可以提供电缆的特性参数，通过这些参数可以判定该电缆能否提供可靠的信号传输。

电缆的性能测试必须按照美国电信工业协会（TIA）和国际电工委员会（IEC）建立的规范进行，这些组织为支持多种网络应用和设计的结构化布线系统制定了性能测试标准。这些标准确定了通信布线链路的衰减、串扰和信噪比的性能规格，它还提供了每个电缆测试的测试规范和合格标准。

【任务回顾】

本任务中学习了使用 DTX1800 电缆认证分析仪对通道进行测试，要求注意的有以下几点：

- 选择合适的测试适配器。
- 在认证分析仪上选择正确的测试功能档位。
- 充分理解"通道"的概念和在工程环境中所指的具体位置。

任务三　永久链路测试

【任务描述分析】

永久链路与通道链路相同，用来测试布线系统中的固定部分。然而，永久链路与通道链路不同的是测量结果不包括测试仪的跳线连接部分。

【任务实现】

一、安装永久链路适配器

在对永久链路测试之前先在 DTX 测试仪上安装如图 3-10 所示的适配器，安装后的效果如图 3-11 所示。

图3-10　永久链路适配器

图3-11　已安装永久链路适配器的DTX

二、连接被测链路

将测试仪适配器连接至配线架 05D01 信息端口，远端主机适配器连至被测链路 501 房间的 05D01 信息点插座上，连接方式如图 3-12 所示。

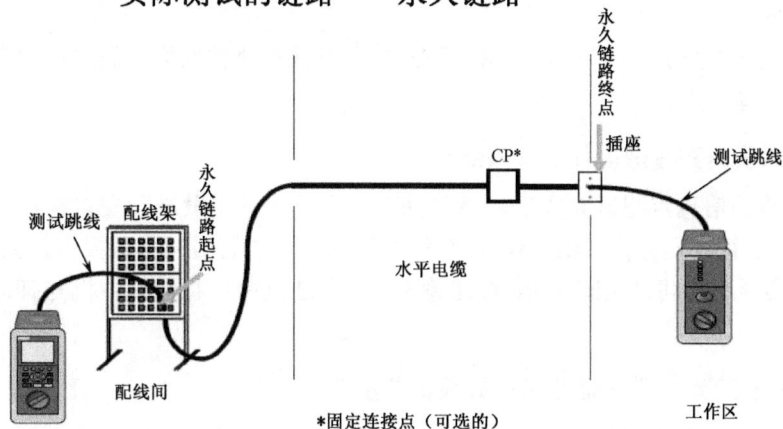

图3-12　永久链路测试连接图

三、设置 DTX 测试仪

（1）连接好测试仪后，按绿键启动 DTX，并选择中文或中英文界面，参见图 3-4。

（2）选择双绞线、测试类型和标准，参见图 3-5 和图 3-6。

① 将旋钮转至 SETUP。

② 选择 "Twisted Pair。

③ 选择 "Cable Type"。

④ 选择 "UTP"。

⑤ 选择 "Cat 5e UTP"。

⑥ 选择"Test Limit"。

⑦ 选择"TIA Cat 5e Perm.Link"，如图 3-13 所示。

（3）按"TEST"键，启动自动测试，完成一条正确链路的测试。

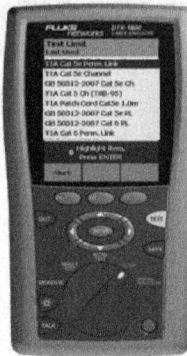

图3-13　DTX电缆认证分析仪Test Limit界面

四、保存测试结果

在 DTX 测试仪中为测试结果命名，在 SAVE 界面中将该项目中 501 房间的 05D01 号信息点永久链路测试结果命名为 05D01YJ，参见图 3-7。

（1）通过 LinkWare 预先下载。

（2）可以通过如下方式命名，手动输入。

● 自动递增。

● 自动序列。

（3）保存测试结果。测试通过后，按"SAVE"键保存测试结果，结果可保存在内部存储器和 MMC 多媒体卡中。

五、将结果发送到管理软件 LinkWare

当所有要测的信息点测试完成后，将移动存储卡上的结果发送到安装在计算机上的管理软件 LinkWare 进行管理分析。LinkWare 软件提供几种形式的用户测试报告，如图 3-14 所示为其中一种。测试报告可从 LinkWare 打印输出，也可通过串口将测试主机与打印机连接打印输出。

六、FLUKE DTX 电缆认证分析仪故障诊断步骤

测试结束后，若主机面板显示"test PASS"，则表示测试通过，若显示"test Fail"则表示测试失败，测试中出现"失败"时，要进行相应的故障诊断测试，扫描定位故障。查找故障后，排除故障，重新进行自动测试，直至指标全部通过为止。

在高性能布线系统中两个主要的"性能故障"分别为近端串音（NEXT）和回波损耗（RL）。两类故障的分析诊断步骤如下。

1. 使用 HDTDX 诊断 NEXT

（1）当线缆测试没通过时，先按"故障信息键"（"F1"键），如图 3-15 所示，此时将直观显示故障信息并提示解决方法。

（2）深入评估 NEXT 的影响，按"EXIT"键返回摘要屏幕。

（3）选择"HDTDX Analyzer"，HDTDX 显示更多线缆和连接器的 NEXT 详细信息。如图 3-16 所示，故障是 58.4m 集合点端接不良导致 NEXT 不合格。

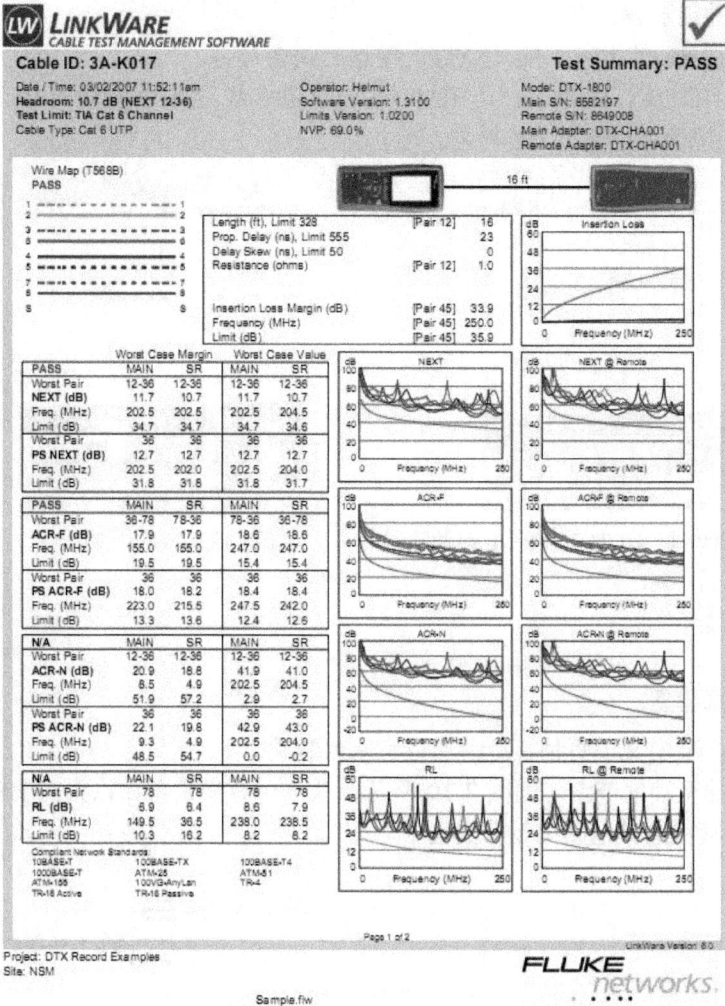

图3-14　管理软件LinkWare用户测试报告

如图 3-17 所示的故障是线缆质量差，或是使用了低级别的线缆造成整个链路 NEXT 不合格。

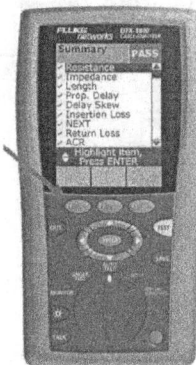

图3-15　DTX电缆测试仪故障信息键　　　图3-16　HDTDX分析NEXT故障结果

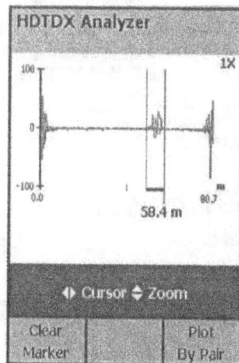

2. 使用 HDTDR 诊断 RL

（1）当线缆测试不通过时，先按"故障信息键"（"F1"键），如图 3-15 所示，此时将直观显示故障信息并提示解决方法。

（2）深入评估 RL 的影响，按"EXIT"键返回摘要屏幕。

（3）选择"HDTDX Analyzer"，HDTDR 显示更多线缆和连接器的 RL 详细信息，如图 3-18 所示的故障为 70.6m 处 RL 异常。

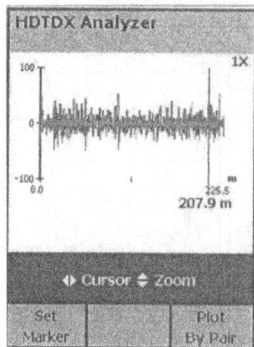

图3-17　DTX电缆测试仪HDTDX分析NEXT故障结果　　图3-18　70.6m处RL异常

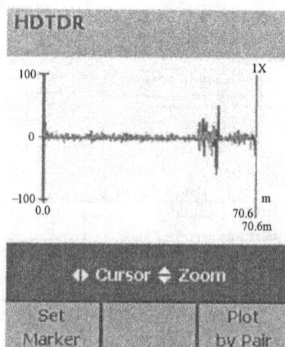

【知识链接】

一、认证测试模型

ISO 和 TIA 标准定义了两种模型：通道和永久链路。

通道模型是端至端的链路，如图 3-19 所示，从一台有源设备如以太网 HUB 或交换机到 PC、打印机、传真机或其他网络设备的网卡。

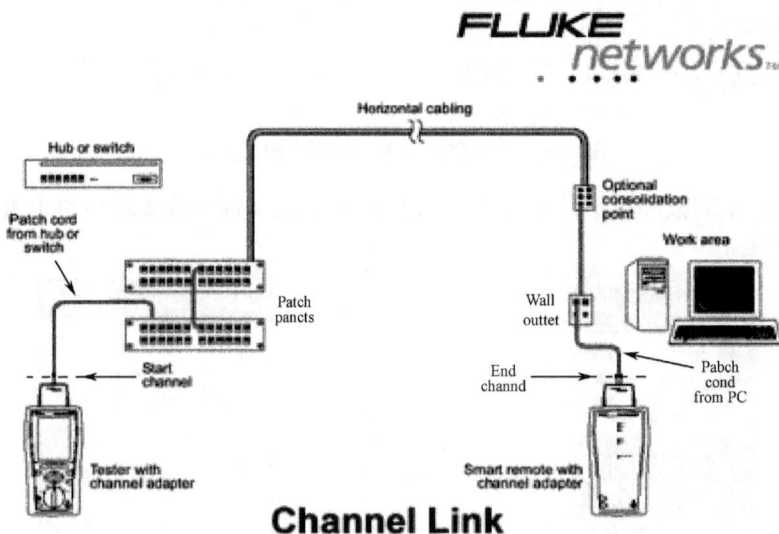

图3-19　通道模型示意图

在通道模型的两端都是跳线，可能会根据情况更换，因此跳线不包含在"永久链路"模型中。所以标准建议新安装的布线系统使用永久链路模型，如图 3-20 所示。认证测试仪通过高性能适配器与被测试的永久链路相连，可以排除任何跳线的影响。性能测试结果说明的就是永久链路的性能。

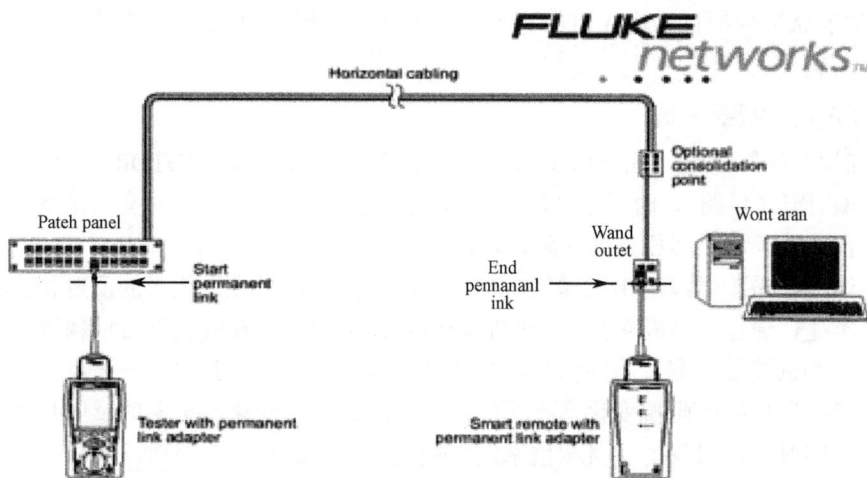

Permanent Link

图3-20 永久链路模型示意图

二、认证测试标准

中国工程建设标准化协会于 1997 年 4 月发布了《建筑与建筑群综合布线系统工程施工验收规范》，该规范以 EIA/TIA 568A 的 TSB—67 的标准要求，全面包括了电缆布线的现场测试内容、方法及对测试仪器的要求，主要包括长度、接线图、衰减、近端串扰 4 项内容，如特性阻抗、衰减对串扰比、环境噪声干扰强度、传播时延、回波损耗和直流环路电阻等电气性能测试项目，可以根据现场测试仪器的功能和施工现场所具备的条件选项进行测试。以下为几个主要电气特性的定义。

- 近端串扰（NEXT）：传送线对与接收线对之间产生干扰的信号，它对信号的接收产生不良影响。其单位是分贝（dB），主要表示传输信号与串扰的比值，其绝对值越大，串扰越低。
- 衰减（ATTENUATION）：信号沿着一定长度的电缆传输所产生的损耗。衰减与电缆的长度有着直接关系，并随着频率的上升而增加。衰减的测量单位是分贝（dB），主要表示初始传送端信号与接收端信号强度的比值。
- 信噪比（ACR）：表示近端串扰与衰减在某一频率上的差。
- 传播时延（DELAY SKEW）：表示一根电缆上最快线对与最慢线对间传播延迟的差异。
- 回波损耗（RETURN LOSS）：由于阻抗不匹配而使部分传输信号的能量被反射回去。返回损耗对于使用全双工方式传输的应用非常重要。
- 特性阻抗：在电路中对电流的阻碍称为特性阻抗，它以欧姆（Ω）为单位。

三、DTX 的故障诊断

综合布线存在的故障包括接线图错误、电缆长度问题、衰减过大、近端串过高和回波损耗过高等。

超 5 类和 6 类标准对近端串音和回波损耗的链路性能要求非常严格，即使所有元件都达到规定的指标且施工工艺也达到满意的水平，但仍然极有可能出现链路测试失败的情况。

为了保证工程的合格，故障需要及时解决，因此对故障的定位技术和定位的准确度提出了较高的要求，诊断能力可以节省大量的故障诊断时间。

DTX 电缆认证分析仪采用先进的高精度时域反射分析 HDTDR 和高精度时域串扰分析 HDTDX 对故障定位分析。

1．高精度时域反射分析

高精度时域反射（High Definition Time Domain Reflectometry，HDTDR）分析主要用于测量长度、传输时延（环路）、时延差（环路）和回波损耗等参数，并针对有阻抗变化的故障进行精确的定位，用于与时间相关的故障诊断。

该技术通过在被测试线对中发送测试信号，同时监测信号在该线对的反射相位和强度来确定故障的类型，通过信号发生反射的时间和信号在电缆中传输的速度可以精确地报告故障的具体位置。测试端发出测试脉冲信号，当信号在传输过程中遇到阻抗变化就会产生反射，不同的物理状态所导致的阻抗变化是不同的，而不同的阻抗变化对信号的反射状态也是不同的。当远端开路时，信号反射并且相位未发生变化，而当远端为短路时，反射信号的相位发生了变化，如果远端有信号终结器，则没有信号反射。测试仪就是根据反射信号的相位变化和时延来判断故障类型和距离的。

2．高精度时域串扰分析

高精度时域串扰（High Definition Time Domain Crosstalk，HDTDX）分析通过在一个线对上发出信号的同时，在另一个线对上观测信号的情况来测量串扰相关的参数及故障诊断，以往对近端串音的测试仅能提供串扰发生的频域结果，即只能知道串扰发生在哪个频点，并不能报告串扰发生的物理位置，这样的结果远远不能满足现场解决串扰故障的需求。由于是在时域进行测试，因此根据串扰发生的时间和信号的传输速度可以精确地定位串扰发生的物理位置。这是目前唯一能够对近端串音进行精确定位并且不存在测试死区的技术。

四、故障类型及解决方法

1．电缆接线图未通过

电缆接线图和长度问题主要包括开路、短路、交叉等几种错误类型。开路、短路在故障点都会有很大的阻抗变化，对这类故障都可以利用 HDTDR 技术来进行定位。故障点会对测试信号造成不同程度的反射，并且不同的故障类型的阻抗变化是不同的，因此测试设备可以通过测试信号相位的变化及相位的反射时延来判断故障类型和距离。当然定位的准确与否还受设备设定的信号在该链路中的标称传输率（NVP）值影响。

2．长度问题

长度未通过的原因可能有 NVP 设置不正确（可用已知长度的好线缆校准 NVP）、实际长度超长、设备连线及跨接线的总长过长。

3．衰减（Attenuation）

信号的衰减同很多因素有关，如现场的温度、湿度、频率、电缆长度和端接工艺等。在现场测试工程中，在电缆材质合格的前提下，衰减大多与电缆超长有关，通过前面的介绍很容易知道，对于链路超长可以通过 HDTDR 技术进行精确定位。

4．近端串音

产生的原因：端接工艺不规范，如接头处双绞部分超过推荐的 13mm，造成了电缆绞距被破坏；跳线质量差；不良的连接器；线缆性能差；串绕；线缆间过分挤压等。对这类故障可以利用 HDTDX 技术发现它们的故障位置，无论它是发生在某个接插件还是某一段链路上。

5. 回波损耗

回波损耗是由于链路阻抗不匹配造成的信号反射。产生的原因：跳线特性阻抗不是 100；线缆线对的绞结被破坏或是有扭绞；连接器不良；线缆和连接器阻抗不恒定；链路上的线缆和连接器非同一厂家产品；线缆不是 100 的（例如使用了 120 线缆）等。知道了回波损耗产生的原因是由于阻抗变化引起的信号反射，就可以利用针对这类故障的 HDTDR 技术进行精确定位了。

【任务回顾】

本任务中学习了使用 DTX1800 电缆认证分析仪对永久链路进行测试，要求注意的有以下几点：

- 选择合适的测试适配器。
- 测试前要完成对测试仪主机、辅机的充电工作并观察充电是否达到 80%以上。不要在电压过低的情况下测试，中途充电可能造成已测试的数据丢失。
- 在认证分析仪上选择正确的测试功能档位。
- 充分理解"永久链路"的概念和在工程环境中所指的具体位置。熟悉布线现场和布线图，测试过程的同时也可对管理系统现场文档、标识进行检验。
- 发现链路结果为"Test Fail"时，可能有多种原因造成，应进行复测再次确认。

任务四　接线图测试

【任务描述分析】

电缆测试首先要求端到端连通，连通性的保证就必须要求线对在电缆链路上严格对接。接线图测试就是要求所有电缆线对端到端的电气的连通性，它同样要求诊断配线的错误。接线图测试可以反映出电缆布线中是否存在开路、短路、交叉连接和配线错接等错误。

【任务实现】

使用 DTX1800 进行接线图测试的测试步骤如下。

（1）开机。按下◎将测试仪打开。

（2）语言的选择。如果出厂后测试仪的语言还没有被选择过，那么测试仪将显示一个语言选择屏幕。然后按下面的步骤选择语言。

① 旋钮开关转至 SETUP 的位置。

② 按 ⌇⌇ 选择仪器设置值，并按下"Enter"键。

③ 用 ⤵ 选择选项卡 2。

④ 按选择语言。

⑤ 用 ⌇⌇ 、⌇⌇ 突出显示想要使用的语言。

⑥ 按"Enter"键突出显示选择。测试仪将使用你选择的语言。

（3）将合适的连接接口适配器连接到主机和智能远端。

（4）打开智能远端。

（5）将远端单元连接到电缆连接的远端。

（6）主机旋钮开关转至 AUTOTEST 的位置。

（7）检查显示的设置是否正确。这些设置可在 SETUP 模式中更改。

（8）将主单元连接到电缆连接的近端。对于通道测量，使用网络设备带状电缆。

（9）按 ⟨TEST⟩ 启动自动测量。

（10）按 ⟨▽⟩、⟨△⟩ 突出显示自动测试菜单中的项目，然后按"Enter"键。

（11）观察结果。

（12）接线图测试的结果可能有如图 3-21～图 3-27 所示的情况。

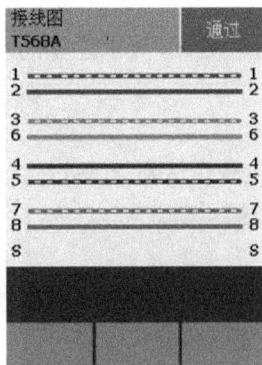 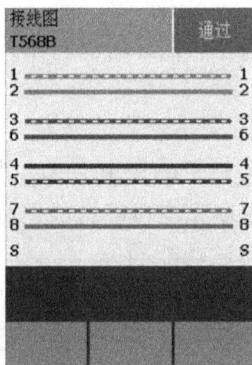 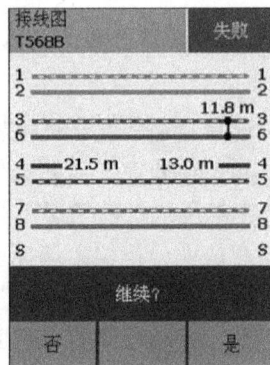

　　图3-21　T568A正确接线图　　　　图3-22　T568B正确接线图　　　　图3-23　短路

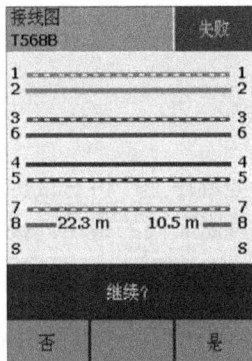 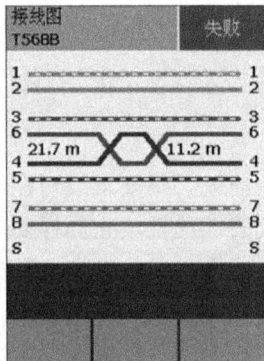 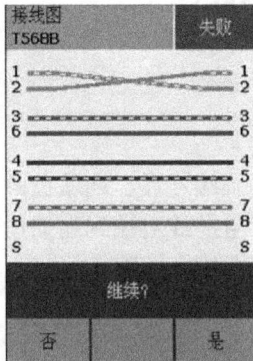 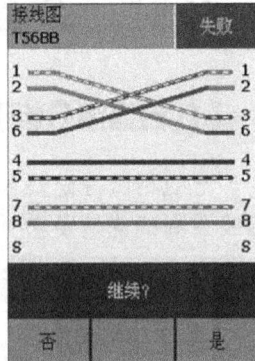

　　图3-24　开路　　　　图3-25　串绕　　　　图3-26　反接　　　　图3-27　跨接

接线图测试显示所有 4 对线远端和近端的连接情况。如果选择一个屏蔽电缆并且启动屏蔽测试功能，则本机还会测试屏蔽层的连续性。被测试的线对是由所选的测试标准决定的。

【知识链接】

一、开路

开路是指一根电缆线或者几根电缆线不能保证从链路一端到另一端的连通性。双绞线电缆的 8 根导线（4 个线对）在经过电缆链路时必须完全连通，如果在一条双绞缆的一根电缆线上发现开路现象，则要对出现开路的电缆线的所有接点进行检查。如果所有电缆线都出现开路现象，就要检验一下电缆的敷设是否正确。在识别没有标记的电缆时可以用音频生成器和音频放大器。最后，要确认远端环路回路单元与基站单元接在同一条电缆上。

二、短路

短路是指一条电缆的两根或多根电缆线与电路相连时，所接的位置在正常连接的位置之前。这种情况通常表现为插座里有不止一个插针连在同一根电缆线上。

双绞线链路不允许在电缆线路中出现短路现象，如果测试仪发现电缆中存在短路现象，则可以检查冲压模块和工作区的插座，可能是两个线路接在一个端接点上了。

如果在端接点上找不到问题，可以对水平电缆和链路上的所有配线电缆进行外观检查。通过外观检查可以确定电缆护套是否被撕裂或者电缆是否被夹坏，如果发现这些情况，则需把已损坏的电缆进行更换。

三、线对反接

线对反接是指一个线对的两根电缆线接在组合式插座的正确位置，但电缆线没有接在正确的插针上。线对反接意味着从插针 1 出来的信号会传到电缆另一端的插针 2，在电缆测试仪上会显示两根线交错。

ANSI/TIA/EIA-565-A 和 ANSI/TIA/EIA-569-B 标准要求，在电信房到工作区插座之间的所有水平电缆必须直通，工业布线标准要求所有的交叉和线对转接必须在工作区由专门的适配器来完成。

四、接线图——错对

错对是指一个线对的两根电缆线在组合式插座上的位置接错。测试仪会表示为电缆线对的两根线端接在链路两端的不同插针。

一般在双绞线电缆的一端使用 T568A 型插座或配线盘而在另一端使用 T568B 型插座或者配线盘时，会经常发生错对。在这种情况下，电缆的一端绿线对与 T568A 型部件的插针 1、2 相接，而在电缆另一端，同样还是这个线对却与 T568B 型部件的插针 3、6 相接。

ANSI/TIA/EIA-565-A 和 ANSI/TIA/EIA-565-B 标准要求在电信房到工作区插座之间的所有水平电缆必须直通。

五、线对分离

线对分离是指在配线直通的情况下，一个线对的两根电缆线与双绞线电缆两端错误的插针相接时发生的情况。例如，T568A 组合式插座的配置要求绿线对的两根电线接在插针 1、2 上，但如果绿线对的一根电缆线与插针 1 相接，而另一根电缆线在电缆端都与插针 3 相接，线对分离就会发生。

简单的连通性测试仪器不能检查出线对分离。从纯粹的连通性来看，插针 1 与插针 1 相连，插针 3 与插针 3 相连，在电缆的端到端连通上这是非常完美的。

线对分离对局域网布线是非常有害的，局域网设备使用平衡信号，因为局域网支持 100m 的高频信号的传输，如果存在线对分离的话，对信号传输的影响会很大。

【任务回顾】

本任务中学习了使用 DTX1800 电缆认证分析仪对电缆进行接线图测试，要求注意的有以下几点：

- 选择合适的测试适配器。
- 在认证分析仪上选择正确的测试功能档位。
- 理解从认证分析仪测试结果中反馈的各种接线图含义并能从中解决错误问题。

任务五　长度、传播延迟、延迟偏离、衰减测试

【任务描述分析】

通过本任务的实习，应该掌握通过电缆测试仪完成长度、传播延迟、延迟偏离、衰减测试的测试方法和步骤。

【任务实现】

利用DTX1800电缆测试仪测试一条双绞线电缆，测试步骤如下。

（1）将一条两端端接好水晶头的双绞线分别接入DTX1800测试仪和智能远端。

（2）开机选择自动测试后，出现如图3-28所示的画面。

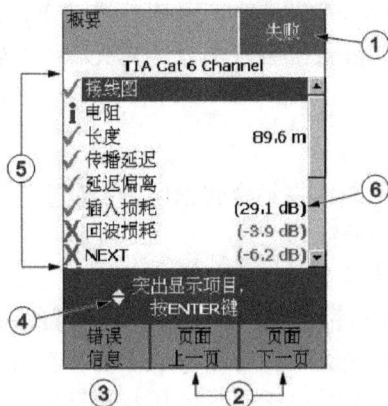

图3-28 DTX1800测试界面

① 通过：所有参数均在极限范围内。

失败：有一个或一个以上的参数超出极限值。

通过*/失败＊：有一个或一个以上的参数在测试仪准确度的不确定性范围内，且特定的测试标准要求以"＊"注记。

② 按"F2"或"F3"键来滚动屏幕画面。

③ 如果测试失败，按"F1"键来查看诊断信息。

④ 屏幕画面操作提示。按 ⌄ 和 ⌃ 键来选中某个参数；然后按"Enter"键。

⑤ √：测试结果通过；i：参数已被测量，但选定的测试极限内没有通过/失败极限值；×：测试结果失败；＊：完全失败。

⑥ 在测试中找到最差余量。

（3）选择另一条两端端接好水晶头的双绞线分别接入DTX1800测试仪和智能远端，选择自动测试后再选择"长度"项，得到如图3-29所示的测试结果界面。

（4）按"EXIT"键退出后，回到自动测试结果的画面，选择"传播延迟"，显示如图3-30所示的测试界面，从中可以得到各对双绞线的传播延迟的数据.

（5）按"EXIT"键退出后，回到自动测试结果的界面，选择"延迟偏离"，显示如图3-31所示的测试界面，从中可以得到各对双绞线的延迟偏离的数据。

长度		通过
	长度	极限值
ⅰ 1 2	14.5 m	100.0 m
ⅰ 3 6	14.7 m	100.0 m
ⅰ 4 5	14.9 m	100.0 m
✓ 7 8	14.3 m	100.0 m

图3-29　长度测试结果界面

传播延迟		通过
	传播延迟	极限值
✓ 1 2	70 ns	555 ns
✓ 3 6	71 ns	555 ns
✓ 4 5	72 ns	555 ns
✓ 7 8	69 ns	555 ns

图3-30　传播延迟测试界面

延迟偏离		通过
	延迟偏离	极限值
✓ 1 2	1 ns	50 ns
✓ 3 6	2 ns	50 ns
✓ 4 5	3 ns	50 ns
✓ 7 8	0 ns	50 ns

图3-31　延迟偏离测试界面

（6）按"EXIT"键退出后，回到自动测试结果的画面，选择"插入损耗"，显示如图 3-32 所示的测试界面，从中可以插入损耗（即衰减）是一条随着频率变化的曲线，使用 ↕ 可以选择不同频率下的插入损耗（即衰减）值，如图 3-33 所示为 73.5MHz 的插入损耗（即衰减）值。

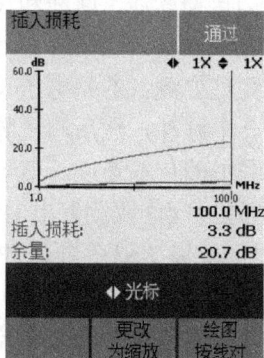

图3-32　100MHz插入损耗

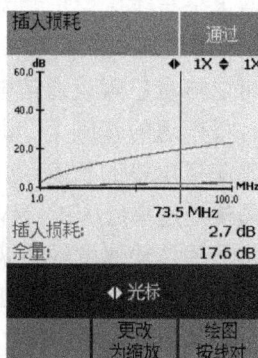

图3-33　73.5MHz的插入损耗

（7）按"F3"键，可以选择显示不同线对的插入损耗值，如图 3-34～图 3-37 所示。

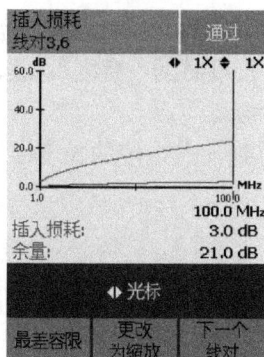

图3-34　3、6线对的插入损耗

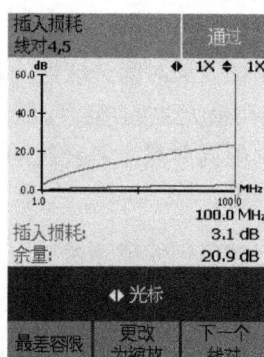

图3-35　4、5线对的插入损耗

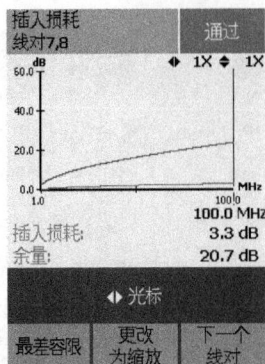

图3-36　7，8线对插入损耗

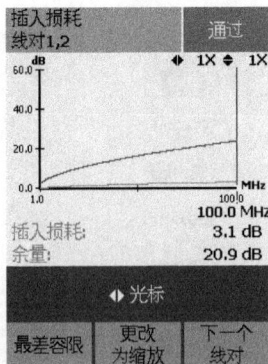

图3-37　1，2线对插入损耗

【知识链接】

一、电缆长度测试

电缆长度测试可以反映电缆布线长度。工业布线标准规定：从电信间的端接点到工作区的端接点的永久性水平布线最大长度为 90m，另外还要为接插软线、跳线和设备软线预留出 10m，因此整个水平布线通道的全部长度为 100m。

电缆测试仪可以测量已敷设通信电缆的长度，电缆测试仪测试的是电子长度，这个测试建立在链路往返传播延迟的基础上。测试仪向电缆发出一个脉冲，然后测量脉冲返回测试仪的时间。为了精确测量电缆的长度，必须知道信号在电缆中的传输速度。信号在电缆中的传输速度被称为定额传播速率（NVP），NVP 值使我们可以通过时间间隔测算出电缆的传输长度，在 5 类电缆中，信号的传输速度约为 8in/ns，测试出的时间除以 2 然后与 NVP 值相乘就可以得出电缆的长度，5 类电缆的常用 NVP 值是光速的 69%。

测量的长度是否精确取决于 NVP 值。因此，应该用一个已知的长度数据（必须在 15m 以上）来校正测试仪的 NVP 值。但 TDR 的精度很难达到 2%以内，同时，在同一条电缆的各线对间的 NVP 值也有 4%～6%的差异。另外，双绞线线对实际长度也比一条电缆自身要长一些。在较长的电缆里运行的脉冲被会变形成锯齿形，这也会产生几纳秒的误差。这些都是影响 TDR 测量精度的原因。

测试仪发出的脉冲波宽约为 20ns，而传播速率约为 3m/ns，因此该脉冲波行至 6 米处时才是脉冲波离开测试仪的对间。这也就是测试仪在测量长度时的"盲区"，放在测量长度时将无法发现这 6m 内可能发生的接线问题（因为还没有回波）。

测试仪也必须能同时显示各线对的长度。注意，得到一条电缆的长度结果，并不表示各线对都是同样的长度。

二、传播延迟和延迟偏离测试

传播延迟是信号在一个电缆线对中传输时所需要的时间，因为传播延迟是实际的信号传输时间，因此传播延迟会随着电缆长度的增加而增加。

通信电缆中每个线对的传播延迟稍有不同，原因在于 4 个线对的缠绕密度不同。这意味着一些电缆线对比同一电缆中的其他线对缠绕要多，增加线对的缠绕密度可以减小电缆大的近端串扰，但却增加了线对长度。缠绕密度过高的电缆线对长度会变得很长，这会导致更大的传播延迟。

传播延迟通常是指信号在电缆上的传输时间，单位是纳秒（ns）。电缆的传播延迟也可以作为最小传输时间的参考量，它是衡量信号在电缆中传输快慢的物理量，通常用百分比来表示，百分比取信号在电缆中的传输速度与光速的比值。

有关 5e 类电缆的规范要求，在 100MHz 的传输频率下，100m 电缆通道的最大传播延迟不得超过 538ns。

延迟偏离是指同一 UTP 电缆中传输速度最快的线对和传输速度最慢的线对的传播延迟差值。延迟抖动在 UTP 电缆中变得越来越重要，因为高速局域网技术中用多个线对传输数据信号，这就要求多个线对的信号到达电缆另一端的时间近似相同。这对接收信号的正确解码非常关键，如果电缆超过最大延迟抖动参数可能会导致接收设备信号混淆和接收性能恶化。

100m 的水平电缆在 2～125MHz 频率范围内的延迟抖动不得超过 45ns。

5e 类通道的所有性能参数归纳如下：

100MHz 时最大衰减=24.0dB

100MHz 时最小近端串扰=30.1dB

100MHz 时最小综合近端串扰=27.1dB

100MHz 时最小衰减串扰比=6.1dB

100MHz 时最小综合衰减串扰比=3.1dB

100MHz 时最小等效远端串扰=17.0dB

100MHz 时最小综合等效远端串扰=14.4dB

100MHz 时最小回波损耗=10.0dB

最大传播延迟=532ns

最大延迟抖动=50ns

三、衰减测试

衰减是信号在电缆冲传输的时候因为阻抗而导致的信号减弱。衰减会导致信号在传输时变弱，在所有的通信系统（语音通信系统、低速数据通信系统和局域网中，电缆接收端都应当能接收到足够多的初始信号，这样接收端才能确定初始信号携带的信息。衰减的单位用分贝（dB）表示，分贝值是按照单位长度的电缆来计算的（通常取 100m）。但是当以负的分贝数来表示时，数目越大表示衰减量越大，即−10dB 的信号比−8dB 的信号弱，6 分贝的差异意味着信号的强度相差两倍，例如−6dB 的信号比−12dB 的信号强两倍，又比−18dB 的信号强 4 倍。影响衰减的因素主要有集肤效应和绝缘损耗。

衰减测试就是测量从电缆一端到另一端的信号强度的损耗。5e 类布线电缆的测试频率范围是 1～100MHz。人们常通过步进扫频测试来判定电缆的衰减性能等级，这种测试从低频段开始，呈阶梯状上升至 100MHz，在这个范围内对指定的频率进行测量。

衰减测试是一个单向测试，这意味着测试只需要从电缆的一端进行即可。因此，这种测试既可以从 5e 类电缆的工作区端进行，也可以从电信房端进行。

要对电缆的每一个线对进行衰减测试，电缆的衰减值取 4 个被测线对的最高 dB 线对的衰减值取 dB 的单位，dB 值越低越好。一旦 dB 值开始上升的时候，就说明有信号在沿着电缆传输的时候损失掉。在许多指定频率下，TSB-67 对基本链路和通道中的电缆布线允许的最大衰减值都做了规定。

5e 类电缆的衰减对基本链路和通道都有相应的规范，基本链路和通道的 5e 类规范如表 3-1 所示。

表 3-1　水平链路与最大衰减关系表

水平链路	最大衰减
永久链路	21.6dB@100MHz
通道	24.0dB@100MHz

衰减的测量基于规定的扫描，步进频率。衰减的数值越大，衰减（信号的损耗）就越大，接收到的信号就越弱。衰减测试是对电缆和电缆链路连接硬件中信号损耗的测量。测量衰减时，值越小越好。

在双绞线电缆中导致衰减的两个主要原因如下：

● 电缆长度。

● 电缆中传输信号的频率。

只要有信号在电缆中传输，就会导致衰减。实际上，电缆是局域网中信号衰减的主要原因，一般来讲，随着电缆长度的增加，衰减也会增加。电缆的衰减量也与信号的传输频率有关，信号频率越高，电缆的衰减就会越大，如表 3-2 所示。

表 3-2　传输频率与衰减关系表

频率（MHz）	3 类（dB）	5e 类（dB）
1	2.6	2.0
4	5.6	4.1
8	5-5	5.8
10	9.7	6.5
16	13.1	5-2
20		9.3
25		10.4
100		22

四、集肤效应

集肤效应就是频率较高的时候，导体里面的电流不是均匀分布的，而是集中在靠近导体表面，从而减少导体截面产生的电流损耗。它与频率的平方根的值成正比，所以频率越高，衰减量越大。而绝缘损耗是绝缘材料会吸收流经导体的电流，比如双绞线的外皮就吸收掉了流经铜芯的电流，而且温度升高后，这种吸收更为明显。所以标准的制定总是在 20℃。

【任务回顾】

本任务中学习了使用 DTX1800 电缆认证分析仪对电缆进行长度、传播延迟、延迟偏离、衰减的测试，要求注意的有以下几点：

● 选择合适的测试适配器。

● 在认证分析仪上选择正确的测试功能档位。

● 理解从认证分析仪测试结果中反馈的数据含义，并能从中确定问题所在。

任务六　近端串扰、衰减串扰比、回拨损耗、等效远端串扰、综合近端串扰、综合等效远端串扰测试

【任务描述分析】

通过 DTX1800 或者类似仪器测试端接好水晶头的双绞线的近端串扰、衰减串扰比、等效远端、综合近端串扰、综合等效远端串扰。

【任务实现】

利用 DTX1800 电缆测试仪自动测试功能对双绞线进行回波损耗、ACR-N、ACR-F 等测试，具体操作步骤如下。

（1）将一条两端端接好水晶头的双绞线分别接入 DTX1800 测试仪和智能远端。

（2）开机选择自动测试后，再选择"回波损耗"，得到如图 3-38 所示的画面。

（3）按 ⌂ 调节频率至 76.8MHz，得到如图 3-39 所示的画面。

（4）按"F3"键可以按线对测试某个线对的回波损耗，如图 3-40 所示。

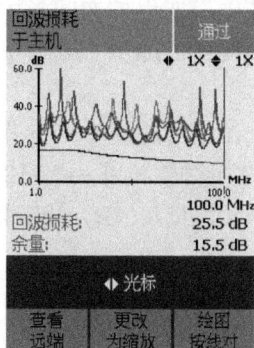

图3-38　回波损耗

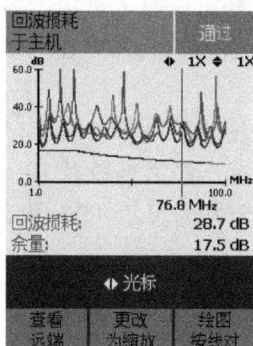

图3-39　回波损耗

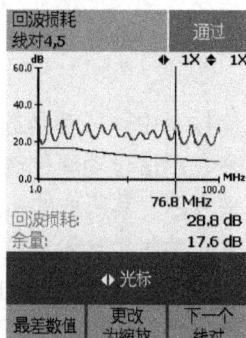

图3-40　4、5线对的回波损耗

（5）按"F2"键可以放大画面，如图 3-41 所示。

（6）按"EXIT"键返回"自动测试"画面，选择"ACR-N"，得到如图 3-42 所示的画面。不同频率、不同线对、画面放大类似于前述步骤3～5。

（7）按"EXIT"键返回"自动测试"画面，选择"ACR-F"，得到如图 3-43 所示的画面。不同频率、不同线对、画面放大类似于前述步骤3～5。

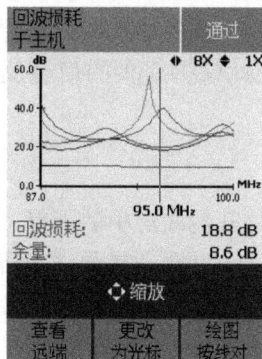

图3-41　画面放大

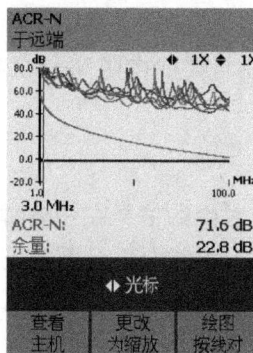

图3-42　ACR-N

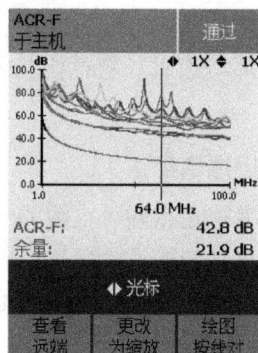

图3-43　ACR-F

（8）按"EXIT"键返回"自动测试"画面，选择"PSACR-F"，得到如图 3-44 所示的画面。不同频率、不同线对、画面放大类似于前述步骤 3～5。

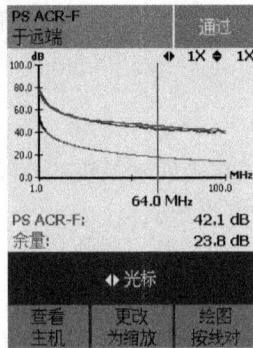

图3-44　PSACR-F

【知识链接】

一、分贝（decibel，dB）

分贝是以美国发明家亚历山大·格雷厄姆·贝尔命名的，他因发明电话而闻名于世。因为贝尔的单位太粗略而不能充分用来描述我们对声音的感觉，因此前面加了"分"字，代表十分之一。

在电信技术中一般都是选择某一特定的功率为基准，取另一个信号相对于这一基准的比值的对数来表示信号功率传输变化情况，经常是取以 10 为底的常用对数和以 e=2.718 为底的自然对数来表示。其所取的相应单位分别为贝尔（B）和奈培（Np）。贝尔（B）和奈培（Np）都是没有量纲的对数计量单位。

分贝（dB）的英文为 decibel，它的词冠来源于拉丁文 decimus，意思是十分之一，decibel就是十分之一贝尔。

二、信号反射

信号在传输线末端突然遇到电缆阻抗很小甚至没有，信号在这个地方就会引起反射。这种信号反射的原理与光从一种媒质进入另一种媒质要引起反射是相似的。消除这种反射的方法，就必须在电缆的末端跨接一个与电缆的特性阻抗同样大小的终端电阻，使电缆的阻抗连续。由于信号在电缆上的传输是双向的，因此，在通信电缆的另一端可跨接一个同样大小的终端电阻。从理论上分析，在传输电缆的末端只要跨接了与电缆特性阻抗相匹配的终端电阻，就再也不会出现信号反射现象。但是，在实现应用中，由于传输电缆的特性阻抗与通信波特率等应用环境有关，特性阻抗不可能与终端电阻完全相等，因此或多或少的信号反射还会存在。

三、近端串扰

近端串扰是指同一电缆的一个线对中的信号在传输时耦合进其他线对中的能量。近端串扰又叫线对之间的近端串扰，因为所有的线对组合都要进行测量，近端是指测试来自电缆的同一端。从一个发送信号线对泄露出来的能量被认为是这条电缆内的噪声，因为它会干扰其他线对中的信号传输。

近端串扰是 UTP 电缆最重要的一个参数，UTP 电缆应该有较高的近端串扰级别，这样可以保证电缆中的一个线对在传输信号的时候，只会有很少的能量耦合到同一电缆的其他线对中。

近端串扰也用 dB 来度量，dB 额定值在每个部件中都会用到。它的测量基于规定的扫描步进频率，近端串扰的 dB 值越高越好。

近端串扰测试是一个双向测试，也就是说，在测量 5e 类电缆的近端串扰时，需要在电缆的两端都要进行测试，因此被称为双向测试。TSB-67 规定在测量 5e 类电缆的近端串扰时，在电缆的两端都要进行测量。

TSB-67 规定了永久链路和通道的 5e 类布线电缆近端串扰最小值，永久链路和通道的 5e 类布线电缆近端串扰如表 3-3 所示。

表 3-3 水平链路与最小近端串扰关系表

水平链路	最小近端串扰规范
永久链路	32.0 dB@100MHz
通道	30.1 dB@100MHz

四、衰减串扰比测试 ACR（Attenuation to Crosstalk Ratio）

当信号在通信电缆中传输时，衰减和串扰都会存在。特别是在接收端，因为衰减的存在，所以此处的信号最弱，但也是串扰信号最强的地方。这两种性能参数的混合效应可以反应出布线链路的实际传输质量。我们用衰减串扰比（ACR）来表示。

ACR 近端串扰与衰减差是指近端串扰损耗与衰减的差值。ACR 是一个十分重要的物理量，是线对上信噪比的一个指标。ACR=0 时表明在该线对上传输的信号强度与噪音强度一致，接收方无法识别哪些是有用的信号，哪些是噪声信号。因此，对应 ACR=0 的频率点越高越好。衰减串扰比也用 dB 来表示，dB 值越大越好，衰减串扰比够真正地反映出接收信号的质量。

正如名字所表示的那样，衰减串扰比的测量由链路的所有衰减和近端串扰组成。一个高的衰减串扰比意味着干扰噪声强度与信号强度相比微不足道。对于 5e 类电缆链路而言，一个高的衰减串扰比由高近端串扰值和低衰减值而得出。

ACR 测试也是一个双向测试，这意味着在测量 5e 类电缆的衰减串扰比时，在电缆的两端都要进行测试。因为测试包含对近端串扰的测试，因此要测试从电缆发送端发出自耦合到相邻线对的能量大小，进行这种测试的惟一方法是对电缆的两端都进行测试，ACR-N 指近端 ACR，ACR-F 指远端 ACR。

永久链路和通道都有相应的 5e 类电缆的衰减串扰比规范，永久链路和通道的 5e 类电缆的衰减串扰比规范如表 3-4 所示。

表 3-4 水平链路与最小 ACR 值关系表

水平链路	最小 ACR 值
永久链路	10.4 dB@100MHz
通道	6.1 dB@100MHz

五、回波损耗

回波损耗是布线系统阻抗不匹配导致的一部分能量反射。当端接阻抗与电缆的特征阻抗不一致时，在通信电缆的链路上就会导致阻抗不匹配。阻抗的不连续性引起链路偏移，电信号到达链路偏移区时，必须消耗掉一部分来克服链路偏移，这样会导致两个后果，一个是信号损耗，另一个是少部分能量会被反射回发射机。因此，阻抗不匹配会导致信号损耗，又会导致反射噪声。

通信布线系统中，由阻抗不匹配导致的噪声是电缆链路噪声的主要成分。为了降低回波损耗，电缆和连接硬件必须严格匹配。5e 类布线系统要求的回波损耗为 1～20MHz 20dB；20～100MHz $17-10 \cdot \log(f/20)$dB

六、综合近端串扰

综合近端串扰（PS NEXT）是指几个同时传输信号的线对对一个不传送信号的线对的串扰总和。综合是指在信号传输的时候电缆的同一端有源线对对无源线对的串扰能量的和。

综合近端串扰是 UTP 布线系统的一个新的测试形式，这种测试在 3 类、4 类、5 类电缆中都没有要求，只是在 5e 类和超 5 类电缆中才要求测试综合近端串扰。这种测试在用多个线对传送信号的应用中非常重要，许多高速局域网技术，像 100Base-T4 和 1000Base-T 都采用这种测试。

5e 类通道在 100MHz 时的最低综合近端串扰是 27.1dB。

七、等效远端串扰

远端串扰测试并不是特别必要的测试，因为它取决于电缆长度。等效远端串扰（ELFEXT）对 UTP 电缆来说更有意义，等效远端串扰是一个标准化的信号测试，测量所得远端串扰值减去线路的衰减值以后就是等效远端串扰。等效远端串扰的测量适用于任意长度的 UTP 电缆。

等效远端串扰是 UTP 电缆的新的传输参数，在 3 类、4 类、5 类电缆中不需要测试这个传输参数，只是在 5e 类和超 5 类电缆中才要求测试等效远端串扰。在同时用多线对进行全双工通信的应用中，这种测试非常重要。许多高速局域网技术，像 100Base-T4 和 1000Base-T，都采用这种测试。

5e 通道在 100MHz 时的最低等效远端串扰为 17.0dB。

八、综合等效远端串扰

综合等效远端串扰（PS ELFEXT）是几个同时传输信号的线对对一个不传送信号的线对的串扰总和，综合是指在电缆的远端测量到的每个传送信号的线对对一个不传送信号的线对的串扰能量的和。

等效远端串扰只侧重于一个线对在传送信号时耦合到接收线对的能量。因此等效远端串扰又称为线对间的等效远端串扰。综合等效远端串扰就像综合近端串扰，测量的是多个线对传送信号时耦合到一个线对中的能量，这种测量把多个远端干扰在同一时间对一个线对的混合串扰考虑在内。

5e 通道在 100MHz 时的最低综合等效远端串扰为 14.4dB。

【任务回顾】

本任务中学习了使用 DTX1800 电缆认证分析仪对接好水晶头的双绞线的近端串扰、衰减串扰比、等效远端、综合近端串扰、综合等效远端串扰进行测试，要求注意的有以下几点：

- 选择合适的测试适配器。
- 在认证分析仪上选择正确的测试功能档位。
- 理解从认证分析仪测试结果中反馈的数据含义，并能从中确定问题所在。

任务七　不合格电缆故障的检测

【任务描述分析】

如果一条通信电缆测试后证实不合格，则必须找出原因并予以纠正。许多电缆没有通过性能测试的原因是使用的部件质量较差；另一个常见的原因是电缆的线对松散解扭，端接点处如果解扭电缆的长度超过13mm时便会增加链路的衰减和串扰。

【任务实现】

一、电缆开路故障检测

将制作好的双绞线电缆两端分别接入DTX1800电缆测试仪的主机端和智能远端上，使用DTX1800进行自动测试时，得到如图3-45所示的接线图，显示橙色线在13.4m处断开。然后选择"是"，经过图3-46的过程后得到如图3-47所示的分析概要图，选择"HDTDR分析仪"，得到如图3-48所示的HDTDR分析结果图。据上述显示画面分析，开路的位置处在智能远端附近。

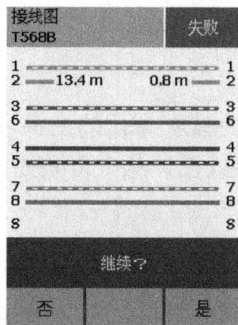

图3-45　断路接线图　　　　图3-46　诊断过程

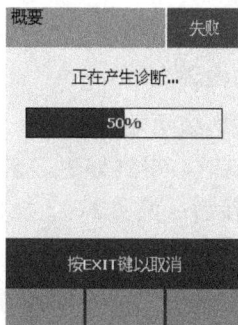

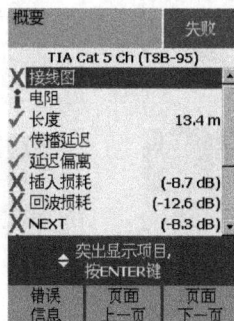

图3-47　断路分析概要图　　图3-48　断路HDTDR分析

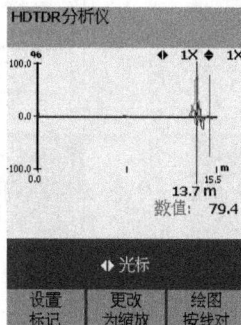

二、电缆高串扰故障检测

将制作好的双绞线电缆两端分别接入DTX1800电缆测试仪的主机端和智能远端上，使用DTX1800进行自动测试时，得到电缆分析概要如图3-49所示，选择"错误信息"，得到如图3-50所示的错误信息。

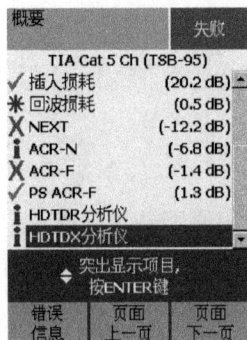

图3-49　高串扰的图示　　　　　　图3-50　高串扰的错误信息图

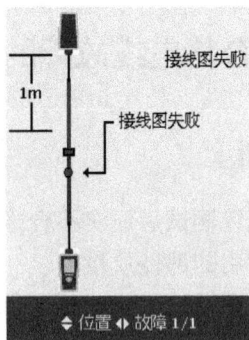

在如图 3-49 所示的电缆分析概要界面中选择"HDTDX 分析仪"并按"Enter"键，得到 HDTDR 分析曲线图，如图 3-51 所示，从显示结果中可获知该故障点出现在距主机端 13.6m 处。

三、电缆线芯反接故障检测

将制作好的双绞线电缆两端分别接入 DTX1800 电缆测试仪的主机端和智能远端上，使用 DTX1800 进行自动测试，得到如图 3-52 所示的接线图，从中可获知该双绞线电缆的 1、2 芯 线芯位接错。

四、电缆错对故障检测

将制作好的双绞线电缆两端分别接入 DTX1800 电缆测试仪的主机端和智能远端上，使用 DTX1800 进行自动测试时，得到如图 3-53 所示的接线图，从中可获知该双绞线电缆的 1、2 和 3、6 线对芯线芯位接错，说明 1、2 和 3、6 线对产生了一个错对。

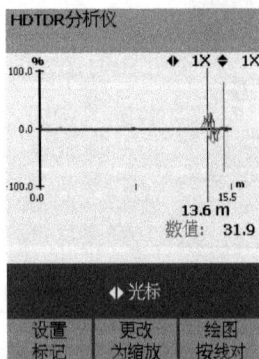

图3-51　高串扰的HDTRR分析　　　图3-52　反接的接线图　　　图3-53　错对的接线图

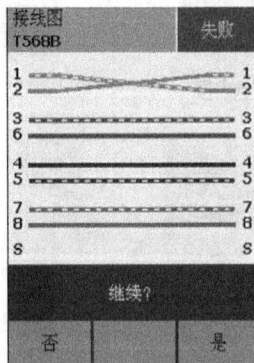

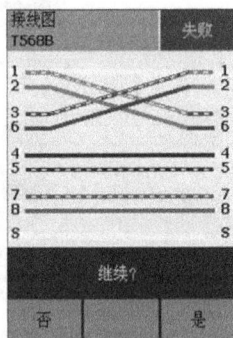

五、电缆短路故障检测

将制作好的双绞线电缆两端分别接入 DTX1800 电缆测试仪的主机端和智能远端上，使用 DTX1800 进行自动测试时，得到如图 3-54 所示的接线图，说明距智能远端约 12m 处有一个 短路产生。选择"是"可得到如图 3-55 所示的错误信息提示。

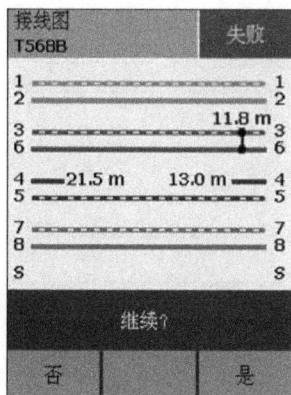

图3-54 短路的接线图   图3-55 短路的错误信息

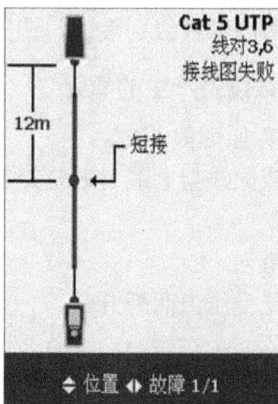

【知识链接】

检查排除通信电缆的故障时可按照以下步骤进行。

（1）判断故障的类型并确定其确实与布线有关。

（2）对各种不正常情况从外观上检查一遍。

（3）用电缆测试仪对出现问题的电缆进行测试。

（4）把电缆段分成小的部件分别检查。

（5）确定使用的电缆和电缆连接器是同类产品。

（6）检查一下不规范的安装规程。

（7）更换可疑设备接插线和工作区接插线。

（8）看是否有电缆被挤压或损坏。

（9）看电缆附近是否有干扰源。

（10）检查电缆长度是否过长。

一、连通性故障

所有的电缆线连接必须端接正确，并且要端接在电缆链路端接设备的正确位置上。双绞线链路的电缆连通性故障通常有开路、短路、反接、错对、线对分离几种。

二、电缆长度不当

电缆长度如果过长会导致一些传输问题的出现。电缆长度过长会导致过多的信号衰减以至于链路另一端的设备不能接收到足够多的传输信号并进行正确的解码。

所有的水平电缆通道不得超过100m。

三、信号过度衰减的原因

衰减是指信号强度的减弱。在信号沿着电缆传输时，就会有信号衰减，可以用dB来度量衰减，值越小越好。

双绞线电缆中信号过度衰减的原因有以下几个：

● 使用的电缆级别较低，比如在5e类通道内使用3类电线。

● 在链路中使用扁平电缆和解绞电缆。

● 在链路中存在解绞的电缆线对。

● 链路中存在线对分离。

- 链路中使用的部件级别较低，例如 3 类部件用在 5e 类电缆通道中。

四、分析典型故障及产生的原因

开路产生的故障原因如下：

- 在连接处或配线架上线对芯位接错。
- 连接故障。
- 电缆走向错误。
- 电缆连接处受压力而断开。
- 连接器损坏。
- 电缆有断处。

高串扰产生的故障原因是在连接处或打线架上线对芯位接错。

反接产生的故障原因是连接器或配线架线对芯位接错。

接线图错对产生的故障原因是连接器或配线架线对芯位接错。568A 和 568B 接线标准相混合（1、2 和 3、6 错接）。使用不必要的错接电缆（1、2 和 3、6 错接）。

接线图短路产生的故障原因如下：

- 在连接处或打线架上线对芯位接错。
- 连接器芯位间有导体。
- 电缆绝缘被破坏。

【任务回顾】

在本任务中，主要完成了对"不合格电缆故障的检测"，在操作过程中要注意以下几点：

- 测试仪功能的正确使用。
- 对故障提示信息的正确判断。
- 掌握排除故障的正确步骤。

任务八　利用Fluke网络测试仪进行光纤测试

【任务描述分析】

对安装好的光纤链路进行性能测试。光纤链路的性能测试包括连通性测试、衰减测试和故障定位测试。

对于光缆测试，分水平光缆与主干光缆两种情况进行测试。水平链路段从设备间到工作区的光缆，根据 ANSI/EIA/TIA 568 B.1 标准的要求，应在一个方向使用 850nm 或 1300nm 波长进行测试。主干光缆设备间到设备间的光缆，根据 ANSI/EIA/TIA 568 B.1 标准的要求，应在一个方向使用 850nm 和 1300nm 两个波长进行测试。

同时，对于光缆测试定义了两个级别（Tier）。

- Tier1：测试长度与衰减、使用光损耗测试仪或 VFL 验证极性。
- Tier2：Tier1 再加上 OTDR 测试，将链路的完好情况和故障状态以一定斜率直线（曲线）的形式显示。

在光缆测试中，根据不同的级别用到测试仪是不同的。其中，Tier1 使用如图 3-56 所示的 DTX 电缆认证分析仪，Tier2 使用如图 3-57 所示的 OptiFiber 光缆认证（OTDR）分析仪。

Tier 1

DTX CableAnalyzer™ Series

Tier 2

OptiFiber™ Certifying OTDR

图 3-56　DTX 电缆认证分析仪　　图 3-57　OptiFiber 光缆认证（OTDR）分析仪

【任务实现】

一、DTX 电缆认证分析仪按 Tier1 标准测试衰减与长度

按 Tier1 标准，对光纤测试主要进行衰减测试和光缆长度测试，衰减测试即光功率损耗测试，具体操作步骤如下。

（1）根据厂商的要求清洁测试跳线连接器和测试耦合器。

（2）根据测试设备厂商的要求对设备进行初始化调整。

① 将拨盘旋钮转至"Special Functions"。

② 选择"Set Reference"。

③ 如图 3-58 所示连接光缆跳线。

④ 按"TEST"键。

Set Reference

Remote End Setup
Smart Remote

#1　　#2

Connect adapters and patch cords.

Press TEST

View Settings

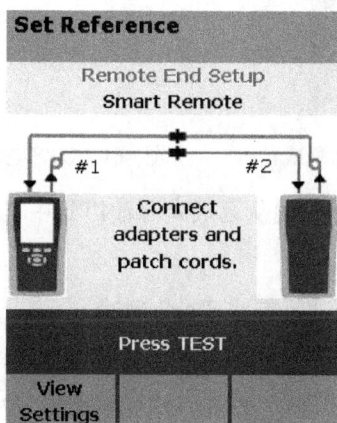

图3-58　DTX电缆认证分析仪连接光缆跳线

（3）如图 3-59 所示用测试跳线将光源和光功率计连接在一起。

① 如图 3-60 所示启动自动测试 AUTOTEST，按"TEST"键。

② DTX 光缆测试结果。当光缆测试结束时，如图 3-61 所示，屏幕显示测试结果摘要，选中"End 2-1"并按"Enter"键。

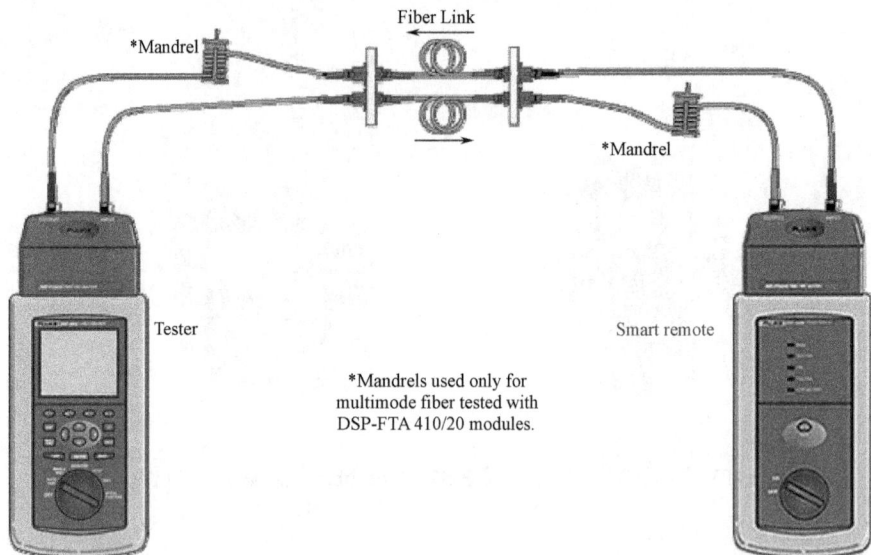

图3-59　DTX电缆认证分析仪测试连接示意图

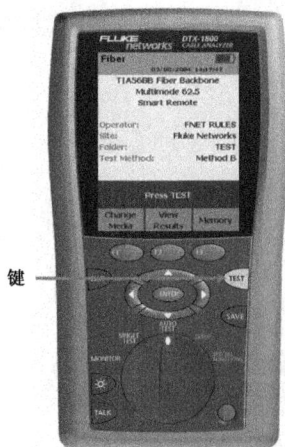

图3-60　DTX电缆认证分析仪自动测试界面　　图3-61　DTX电缆认证分析仪显示测试结果界面

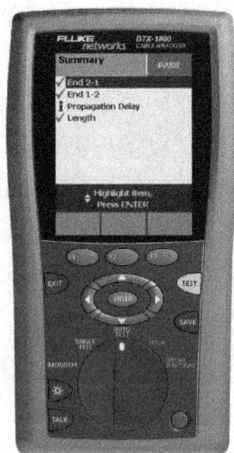

　　如图 3-62 所示，屏幕显示的是光缆从远端光源输出到主机功率计输入的 850nm 和 1300nm 波长的测试结果。

二、OptiFiber 多功能光缆测试仪完成 Tier2 测试

　　光功率计只能测试光功率损耗，如果要确定损耗的位置与起因，就要采用光时域反射计（ODTR）。我们在项目中用到如图 3-63 所示的福禄克网络公司针对本地网络中光纤链路进行认证测试和故障诊断的 OptiFiber 多功能光缆测试仪。

　　这是第一台将光缆损耗/长度测试、自动 OTDR 分析、端接面检查等功能集成在一起的现场 OTDR（光时域反射计）测试仪，可以满足 1000Mbps、10Gbps 或更高速度网络应用的严格测试需求。光缆认证（OTDR）分析仪增强了光缆布线的测试能力，提供多种独立测试功能及文档备案功能，确保了电缆设备的安装符合专业施工工序及 TIA 标准。

图3-62 DTX电缆认证分析仪输出测试结果界面

图3-63 OptiFiber多功能光缆测试仪

【知识链接】

一、光纤测试标准

从布线链路考虑目前使用的国际标准有 TIA/EIA 568 B.3、ISO11801、EN5017 等。

光线链路布线标准 TIA/EIA 568 B.3 对各种类型的光纤链路的长度和最大衰减、光纤连接点的最大衰减做出了规定，测试时要根据被测光纤链路长度、光纤适配器个数和光纤熔接点的个数测试和计算光纤链路是否符合标准，测试时每个测试点的衰减都必须符合标准。

1. Cable—光缆（如表 3-5 所示）

表 3-5 Cable—光缆

光缆每公里最大衰减（850 nm）	3.75 dB
光缆每公里最大衰减（1300 nm）	1.5 dB
光缆每公里最大衰减（1310 nm）	1.0 dB
光缆每公里最大衰减（1550 nm）	1.0 dB
连接器（双工 SC 或 ST）	
适配器最大衰减	0.75 dB
熔接最大衰减	0.3 dB

2. 链路长度（主干）（如图 3-6 所示）

表 3-6 链路长度（主干）

分段	TC-IC	IC-MC
62.5/125 多模	300 m	1700 m
50/125 多模	300 m	1700 m
8/125 单模	300 m	2700 m

3. 1000BASE-SX（850 nm 激光）（如表 3-7 所示）

表 3-7　1000BASE-SX（850 nm 激光）

	损耗	距离
62.5 微米多模光纤	3.2 dB	220 m
50　微米多模光纤	3.9 dB	550 m

4. 1000BASE-LX（1300 nm 激光）（如表 3-8 所示）

表 3-8　1000BASE-LX（1300 nm 激光）

	损耗	距离
62.5 微米多模光纤	4.0 dB	550 m
50　微米多模光纤:	3.5 dB	550 m
8/125 单模光纤	4.7 dB	5000 m

二、TIA TSB140 标准（光缆两个级别的测试）

于 2004 年 2 月批准的 TIA TSB140 标准，对光缆定义了两个级别（Tier）的测试。

1. Tier1 标准

- 测试长度与衰减。
- 使用光损耗测试仪或 VFL 验证极性。

2. Tier2 标准

- Tier 1 再加上 OTDR 曲线。
- 证明光缆的安装没有造成性能下降的问题（例如弯曲、连接头、熔接问题）。

三、光时域反射计测试（OTDR）简介

OTDR 的英文全称为 Optical Time Domain Reflectometer，中文意思为光时域反射仪。OTDR 是利用光线在光纤中传输时的瑞利散射和菲涅尔反射所产生的背向散射而制成的精密的光电一体化仪表，它被广泛应用于光缆线路的维护、施工之中，可进行光纤长度、光纤的传输衰减、接头衰减和故障定位等测量。

OTDR 测试是通过发射光脉冲到光纤内，然后在 OTDR 端口接收返回的信息来进行的。当光脉冲在光纤内传输时，由于光纤本身的性质，使连接器、接合点、弯曲或其他类似的事件而产生散射或反射。其中一部分的散射和反射就会返回到 OTDR 中。返回的有用信息由 OTDR 的探测器来测量，它们就作为光纤内不同位置上的时间或曲线片断。从发射信号到返回信号所用的时间，再确定光在玻璃物质中的速度，就可以计算出距离。以下的公式就说明了 OTDR 是如何测量距离的。

$$D = (c×t)/2(IOR)$$

其中，c 是光在真空中的速度，而 t 是信号发射后到接收到信号（双程）的总时间（两值相乘除以 2 后就是单程的距离）。因为光在玻璃中要比在真空中的速度慢，所以为了精确地测量距离，被测的光纤必须要指明折射率（IOR）。IOR 是由光纤生产商来标明的。

OTDR 使用瑞利散射和菲涅尔反射来表征光纤的特性。瑞利散射是由于光信号沿着光纤产生无规律的散射而形成的。OTDR 测量回到 OTDR 端口的一部分散射光。这些背向散射信号就表明了由光纤而导致的衰减（损耗/距离）程度。形成的轨迹是一条向下的曲线，它说明

了背向散射的功率不断减小，这是由于经过一段距离的传输后发射和背向散射的信号都有所损耗。

给定了光纤参数后，瑞利散射的功率就可以标明出来，如果波长已知，它就与信号的脉冲宽度成比例，脉冲宽度越长，背向散射功率就越强。瑞利散射的功率还与发射信号的波长有关，波长较短则功率较强。也就是说，用 1310nm 信号产生的轨迹会比 1550nm 信号所产生的轨迹的瑞利背向散射要高。

在高波长区（超过 1500nm），瑞利散射会持续减小，但另外一个叫红外线衰减（或吸收）的现象会出现，增加并导致了全部衰减值的增大。因此，1550nm 是最低的衰减波长；这也说明了为什么它是作为长距离通信的波长。很自然，这些现象也会影响到 OTDR。作为 1550nm 波长的 OTDR，它也具有低的衰减性能，因此可以进行长距离的测试。而作为高衰减的 1310nm 或 1625nm 波长，OTDR 的测试距离必然会受到限制，因为测试设备需要在 OTDR 轨迹中测出一个尖锋，而且这个尖锋的尾端会快速地落入到噪音中。

菲涅尔反射是离散的反射，它是由整条光纤中的个别点而引起的，这些点由造成反向系数改变的因素组成，例如，玻璃与空气的间隙。在这些点上，会有很强的背向散射光被反射回来。因此，OTDR 利用菲涅尔反射的信息来定位连接点、光纤终端或断点。

OTDR 的工作原理就类似于一个雷达。它先对光纤发出一个信号，然后观察从某一点上返回来的是什么信息。这个过程会重复进行，然后将这些结果进行平均并以轨迹的形式来显示，这个轨迹描绘了在整段光纤内信号的强弱。

1．什么是盲区？

Fresnel 反射引出一个重要的 OTDR 规格，即盲区。有两类盲区：事件和衰减。两种盲区都由 Fresnel 反射产生，用随反射功率的不同而变化的距离（米）来表示。盲区定义为持续时间，在此期间检测器受高强度反射光影响暂时"失明"，直到它恢复正常能够重新读取光信号为止，设想一下，当你夜间驾驶时与迎面而来的车相遇，你的眼睛会短暂失明。在 OTDR 领域中，时间转换为距离，因此，反射越多，检测器恢复正常的时间就越长，导致的盲区也就越长。绝大多数制造商以最短的可用脉冲宽度及单模光纤−45dB、多模光纤−35dB 反射来指定盲区。为此，阅读规格表的脚注很重要，因为制造商使用不同的测试条件测量盲区，尤其要注意脉冲宽度和反射值。例如，单模光纤−55dB 反射提供的盲区规格比使用−45dB 得到的盲区更短，仅仅因为−55dB 是更低的反射，检测器恢复更快。此外，使用不同的方法计算距离也会得到一个比实际值更短的盲区。

2．事件盲区

事件盲区是 Fresnel 反射后 OTDR 可在其中检测到另一个事件的最小距离。换言之，是两个反射事件之间所需的最小光纤长度。仍然以之前提到的开车为例，当你的眼睛由于对面车的强光刺激睁不开时，过几秒种后，你会发现路上有物体，但你不能正确识别它。也就是说，OTDR 可以检测到连续事件，但不能测量出损耗。OTDR 合并连续事件，并对所有合并的事件返回一个全局反射和损耗。为了建立规格，最通用的业界方法是测量反射峰的每一侧−1.5dB 处之间的距离（如图 3-64 所示）。还可以使用另外一个方法，即测量从事件开始直到反射级别从其峰值下降到−1.5dB 处的距离。该方法返回一个更长的盲区，制造商较少使用。

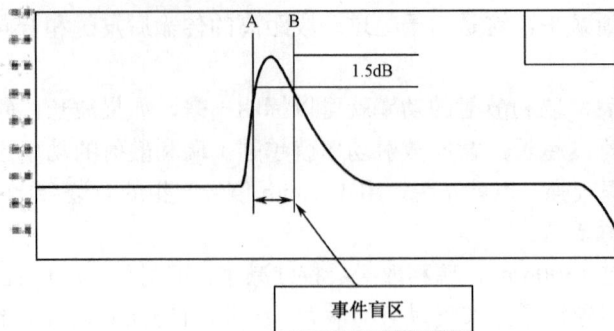

图3-64　测量事件盲区

使 OTDR 的事件盲区尽可能短是非常重要的，这样才可以在链路上检测相距很近的事件。例如，在建筑物网络中的测试要求 OTDR 的事件盲区很短，因为连接各种数据中心的光纤跳线非常短。如果盲区过长，一些连接器可能会被漏掉，技术人员无法识别它们，这使得定位潜在问题的工作更加困难。

3．衰减盲区

衰减盲区是 Fresnel 反射之后，OTDR 能在其中精确测量连续事件损耗的最小距离。还使用上面的例子，经过较长时间后，你的眼睛充分恢复，能够识别并分析路上可能的物体的属性。如图 3-65 所示，检测器有足够的时间恢复，以使得其能够检测和测量连续事件损耗。所需的最小距离是从发生反射事件时开始，直到反射降低到光纤的背向散射级别的 0.5dB，如图3-66 所示。

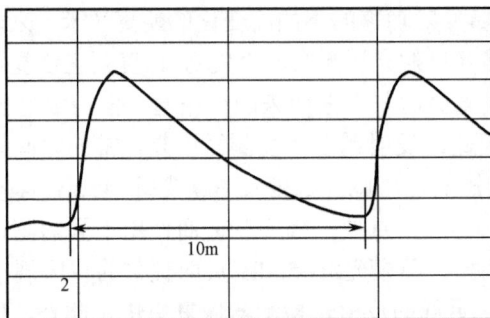

图3-65　衰减盲区

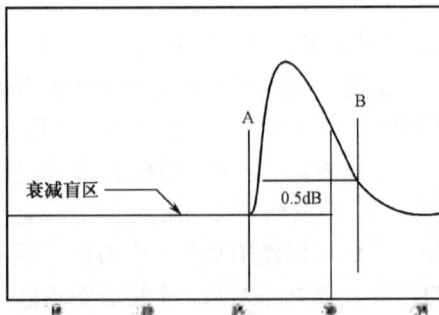

图3-66　测量衰减盲区

4. 盲区的重要性

短衰减盲区使得 OTDR 不仅可以检测连续事件，还能够返回相距很近的事件损耗。例如，现在就可以得知网络内短光纤跳线的损耗，这可以帮助技术人员清楚地了解链路内的情况。

盲区也受脉冲宽度因素的影响，规格使用最短脉冲宽度是为了提供最短盲区。但是，盲区并不总是长度相同，随着脉冲变宽，盲区也会拉伸。使用最长的可能的脉冲宽带会导致特别长的盲区，然而这有不同的用途，下文会提到。

5. 动态范围

动态范围是一个重要的 OTDR 参数。此参数揭示了从 OTDR 端口的背向散射级别下降到特定噪声级别时 OTDR 所能分析的最大光损耗。换句话说，这是最长的脉冲所能到达的最大光纤长度。因此，动态范围（单位为 dB）越大，所能到达的距离越长。显然，最大距离在不同的应用场合是不同的，因为被测链路的损耗不同。连接器、熔接和分光器也是降低 OTDR 最大长度的因素。因此，在一个较长时段内进行平均并使用适当的距离范围是增加最大可测量距离的关键。大多数动态范围规格是使用最长脉冲宽度的 3 分钟平均值、信噪比（SNR）=1（均方根（RMS）噪声值的平均级别）而给定的。请再次注意，仔细阅读规格脚注标注的详细测试条件非常重要。

建议选择动态范围比可能遇到的最大损耗高 5～8dB 的 OTDR。例如，使用动态范围是 35dB 的单模 OTDR 就可以满足动态范围在 30dB 左右的需要。假定在 1550nm 上的典型光纤典型衰减为 0.20dB/km，在每 2km 处熔接（每次熔接损耗 0.1dB），这样的一个设备可以精确测算的距离最多 120km。最大距离可以使用光纤衰减除 OTDR 的动态范围计算出近似值，这有助于确定使设备能够达到光纤末端的动态范围。请记住，网络中损耗越多，需要的动态范围就越大。

【任务回顾】

- 选用正确的测试标准、元件标准和应用标准。如果清楚当前网络应用，那么采用应用标准来测试，如果不清楚应用情况，那么采用元器件标准来测试，如 ISO 和 TIA 中的相应标准。
- 选用正确的光源。测试时选用光源最好与网络实际使用的光发射端口光源一致。
- 对于测试方向对测试方法的准确性和重复性影响不大，因此只需在一个方向上进行测试。水平链路段的距离通常较短，因此对各波长的衰减差异微乎其微。因此，只采用单波长测试就足够了。干线和复合链路段的距离较长，在这些链路中距离对不同波长的衰减是有差异的。因此需要对所有的波长进行测试。
- 当测试模块插在测试仪中时不要直视 DTX-FTM 或 VFL 的输出端口，或是与输出端口相连的光缆测试模块输出端口的光源信号，这样会对眼睛造成严重损伤。

中等职业学校技能大赛
计算机技能单项选拔竞赛试题（一）
——综合布线技术

提醒注意：（给 15 分钟阅卷，阅卷时间不能操作）

1、请注意阅读题目，并按要求完成，否则影响评分。

2、试题中要求综合布线系统设计图、机柜大样图和材料概算表必须提交评委并记录提交时间，将作为得分相同的情况下的评分参考。

3、试题中要求制作的网络跳线、链路及模块均以 T568B 标准线序打配或端接。

4、作品中有暴露作者姓名、参赛学校的给 0 分。

5、比赛时间为 180 分钟，开始比赛后监考老师不再回答任何与试题有关的问题。

6、试卷、答卷以及草稿纸都不能带离考场，而且都必须写上参赛组号，有缺漏或没有写清楚参赛组号的不予评分。

需求分析： 某公司租某大楼 6 至 8 楼作为办公场地，现需要对其办公场地进行综合布线系统的设计和施工安装。每层楼有 4 个办公室或会议室，每个办公室或会议室需配置数据信息点和语音信息点各 1 个。综合布线系统整体采用无主干设计，7 楼配线间管理全部布线系统链路。对该楼宇综合布线施工现场完成综合布线设计、规划、施工、测试和验收等工程实施。

操作要求：

一、以实训台模拟大楼 7 楼，实训台的机架模拟为 7 楼弱电配线间，实训台右侧六个信息点面板位置模拟 7 楼 4 个办公室或会议室；以实训墙带螺纹孔墙体模拟大楼的 6 楼和 8 楼。

二、在实训台机架上按从下往上的顺序安装如下设备：110 语音配线架、理线架、打线式配线架、理线架和交换机。每个设备间预留 3 个方孔(1U)的机架空间；要求安装设备顺序正确、牢固美观。

三、实训墙模拟实现每层楼时，在垂直于实训台的模拟墙上利用 2 个双口面板实现 2 个办公室或会议室需求，剩余的办公室或会议室需求利用单口面板安装在平行于实训台的模拟墙上。

四、所有链路接入实训台机架打线式配线架上，将语音链路和数据链路分组接入。

制作多条 1 米长的跳线将实训台机架上的数据链路分别连接到交换机的端口上。

五、将引入组内的 25 对大对数电缆端接到 110 语音配线架上。连通实训台上的电话，利用语音信息点实现电话链路的连通。

六、8 楼要求以 ø20 的线管进行路由敷设，6 楼要求以线槽进行路由敷设，线槽规格大小自行确定。所有墙面信息点都与配线间机架的模块相连接形成永久链路。

七、根据需求分析制作楼宇的综合布线系统图和配线间机柜大样图。

要求系统元素完整、结构清晰、连接正确、图例和文字描述规范、线缆标识准确以及画图美观，图行尺寸采用 A4 幅面，输出以 A4 纸打印后写上参赛组号交评委评分并记录时间。2 个图分别以文件名为"系统图.JPG"和"配线间机柜大样图.JPG"保存在计算机桌面的"工程设计"文件夹中。

八、根据需求分析和材料单价表编制一份工程材料需求概算表。

要求材料需求概算表规范清晰，包括参赛组号、材料名称、规格、单位、数量以及价格等元素，以文件名为"概算表.xls"保存在"工程设计"文件夹中。编制完后以 A4 纸打印后写上参赛组号交评委评分并记录时间。

九、使用 FLUKE 测试仪表按 TIA 超五类线缆标准对所有链路以永久链路模式进行质量测试并保存测试结果。

十、从测试仪表中导出跳线和链路的测试结果到计算机操作系统桌面的"线缆测试"文件夹中，并制成 PDF 文档报告后打印出来。

特别注意：打印出来的文档报告与仪表保存的测试结果不一致，则跳线测试和链路测试全部记为 0 分。

十一、制作实训台机架配线架的信息点编号表，每一个配线架为一张表，表中包括参赛组号、配线架标识名称、端口号、编号（与端口标签一致）以及编号规则说明等。

十二、检查所设计的综合布线系统图、机架大样图与实际工程竣工效果是否一致，如果有不同，需要修改图样后再打印出来。

十三、制作工程竣工的实际工程耗材结算表，要求耗材结算表规范清晰，须包括参赛组号、材料名称规格、单位以及实际使用的数量和价格等要素。

十四、把所有竣工和验收的文档材料保存在计算机操作系统桌面的"工程竣工验收"文件夹中；打印工程验收文档：包括验收报告封面、目录、工程耗材结算表、工程竣工的综合布线系统图和机架大样图、信息点编号表、线缆测试文档等资料；要求验收报告封面写上"模拟练习一"、"工程验收报告"、"组号"以及日期等信息。把打印完毕的工程验收文档按顺序整齐装订后和试卷一齐放在计算机台上。

十五、施工现场管理：工程施工完毕，必须对把实训台面及工场地面清洁干净，把剩余的材料摆放整齐，工具放回工具箱。

试题解析

例题中涵盖了综合布线技术项目竞赛中从规划设计、工程施工到测试验收三个部分的内容。比较全面地考察各个知识点。选手在训练期间要多动手、多动闹剧思考整体的制作流程。各选手在例题的思考和制作中要注意以下问题：

（1）注意审题、留意各设备的安装位置、顺序与间隔要求

（2）注意配线架以及跳线的线序要求

（3）系统图设计尺寸和输出要求

（4）各种文档的存储路径

（5）线管、线槽的选择与使用及管槽各种转角的制作工艺

（6）布线路由以及底盒、面板安装要求

（7）跳线、永久链路等的标签编号规则与张贴

（8）跳线制作及端接要求

（9）线缆编扎、走线美观和规范

（10）各链路的测试及各测试结果的输出与保存

（11）竣工文档的汇总与编排

（12）施工过程对施工现场的控制（工具摆放、场地打扫等问题）

中等职业学校技能大赛
计算机技能单项选拔竞赛试题（二）
——综合布线技术

提醒注意：（给 15 分钟阅卷，阅卷时间不能操作）

1、请注意阅读题目，并按要求完成，否则影响评分；

2、试题中要求综合布线系统设计图、机柜大样图和材料概算表必须提交评委并记录提交时间，将作为得分相同的情况下的评分参考；

3、试题中要求制作的网络跳线、链路及模块均以 T568B 标准线序打配或端接。

4、作品中有暴露作者姓名、参赛学校的给 0 分；

5、比赛时间为 180 分钟，开始比赛后监考老师不再回答任何与试题有关的问题；

6、试卷、答卷以及草稿纸都不能带离考场，而且都必须写上参赛组号，有缺漏或没有写清楚参赛组号的不予评分。

需求分析： 某学校需要对一座四层楼高的办公楼进行综合布线系统的设计和施工安装，以开放式机架模拟建筑物子系统弱电间摆放在该建筑中的一楼并管理一楼水平链路和办公楼的主干链路；以实训台模拟建筑物二楼，实训台的机架模拟为二楼弱电配线间，实训台右侧六个信息点面板位置模拟二楼 3 个办公室；以实训墙带螺纹孔墙体模拟建筑物的一楼、三楼和四楼；二至四楼采取无主干设计，二楼配线间管理二至四楼的水平布线链路；对该楼宇综合布线施工现场完成综合布线设计、规划、施工、测试和验收等工程实施。

操作要求：

一、在实训台机架上按从下往上的顺序安装如下设备：110 语音配线架、理线架、免打式配线架、打线式配线架、理线架和交换机。每个设备间预留一个方孔(1/3U)的机架空间；要求安装设备顺序正确、牢固美观。

二、二楼每个办公室安装数据和语音信息点各 1 个；三至四楼各安装 3 个数据信息点和 3 个语音信息点，其中在垂直于实训台的模拟墙上安装数据及语言信息点各 1 个，剩余的信息点安装在平行于实训台的模拟墙上。

三、在连接于实训台机架的链路中，将数据链路接入打线式配线架中，将语音链路接入免打式配线架中。要求以 T568B 标准线序进行端接。制作多条 1 米长的跳线将实训台机架上的数据链路分别连接到交换机的端口上。制作 2 条主干链路连接二楼弱电配线间打线式配线架和建筑物子系统弱电间打线式配线架。

四、开放式机架从上往下安装如下设备，设备之间各相隔 1U 的间隔：故障诊断装置、语音交换机、理线架、110 语音配线架、打线式配线架和理线架。将所有连接于开放式机架上的链路接入打线式配线架上，利用 25 对大对数电缆连接二楼弱电配线间 110 语音配线架和建筑物子系统弱电间 110 语音配线架，实现语音链路的连通。

五、分别在实训台和模拟墙一楼墙体上挂接一台电话，利用语音信息点实现电话链路的连通。

六、一楼要求以 ø20 的线管进行路由敷设，二楼至一楼的主干线缆以 39 的线槽进行敷设，三至四楼根据实际情况自行选取合适耗材进行路由敷设。要求所有墙面信息点底盒须安装在水平管槽垂直相隔 5CM 的上方或下方处；所有墙面信息点都与配线间机架的模块相连接形成永久链路。

七、根据需求分析制作楼宇的综合布线系统图、二楼弱电配线间机柜大样图和建筑物子系统弱电配线间机柜大样图。

要求系统元素完整、结构清晰、连接正确、图例和文字描述规范、线缆标识准确以及画图美观，图行尺寸采用 A4 幅面，输出以 A4 纸打印后写上参赛组号交评委评分并记录时间。3 个图分别以文件名为"系统图.JPG"、"二楼弱电配线间机柜大样图.JPG"和"建筑物子系统弱电配线间机柜大样图.JPG"保存在计算机桌面的"工程设计"文件夹中。

八、根据需求分析和材料单价表编制一份工程材料需求概算表。

要求材料需求概算表规范清晰，包括参赛组号、材料名称、规格、单位、数量以及价格等元素，以文件名为"概算表.xls"保存在"工程设计"文件夹中。编制完后以 A4 纸打印后写上参赛组号交评委评分并记录时间。

九、使用 FLUKE 测试仪表按 TIA 超五类线缆标准对所有链路以永久链路模式进行质量测试并保存测试结果。

十、从测试仪表中导出跳线和链路的测试结果到计算机操作系统桌面的"线缆测试"文件夹中，并制成 PDF 文档报告后打印出来。

特别注意：打印出来的文档报告与仪表保存的测试结果不一致，则跳线测试和链路测试全部记为 0 分。

十一、制作实训台机架配线架的信息点编号表，每一个配线架为一张表，表中包括参赛组号、配线架标识名称、端口号、编号（与端口标签一致）以及编号规则说明等。

十二、检查所设计的综合布线系统图、机架大样图与实际工程竣工效果是否一致，如果有不同，需要修改图样后再打印出来。

十三、制作工程竣工的实际工程耗材结算表，要求耗材结算表规范清晰，须包括参赛组号、材料名称规格、单位以及实际使用的数量和价格等要素。

十四、把所有竣工和验收的文档材料保存在计算机操作系统桌面的"工程竣工验收"文件夹中；打印工程验收文档：包括验收报告封面、目录、工程耗材结算表、工程竣工的综合布线系统图和机架大样图、信息点编号表、线缆测试文档等资料；要求验收报告封面写上"模拟练习二"、"工程验收报告"、"组号"以及日期等信息。把打印完毕的工程验收文档按顺序整齐装订后和试卷一齐放在计算机台上。

十五、施工现场管理：工程施工完毕，必须对把实训台面及工场地面清洁干净，把剩余的材料摆放整齐，工具放回工具箱。

试题解析

例题中涵盖了综合布线技术项目竞赛中从规划设计、工程施工到测试验收三个部分的内容。比较全面地考察各个知识点。选手在训练期间要多动手、多动闹剧思考整体的制作流程。各选手在例题的思考和制作中要注意以下问题：

（1）注意审题、留意各设备的安装位置、顺序与间隔要求

（2）注意配线架以及跳线的线序要求

（3）系统图设计尺寸和输出要求

（4）各种文档的存储路径

（5）线管、线槽的选择与使用及管槽各种转角的制作工艺

（6）布线路由以及底盒、面板安装要求

（7）跳线、永久链路等的标签编号规则与张贴

（8）跳线制作及端接要求

（9）线缆编扎、走线美观和规范

（10）各链路的测试及各测试结果的输出与保存

（11）竣工文档的汇总与编排

（12）施工过程对施工现场的控制（工具摆放、场地打扫等问题）

反侵权盗版声明

电子工业出版社依法对本作品享有专有出版权。任何未经权利人书面许可，复制、销售或通过信息网络传播本作品的行为；歪曲、篡改、剽窃本作品的行为，均违反《中华人民共和国著作权法》，其行为人应承担相应的民事责任和行政责任，构成犯罪的，将被依法追究刑事责任。

为了维护市场秩序，保护权利人的合法权益，我社将依法查处和打击侵权盗版的单位和个人。欢迎社会各界人士积极举报侵权盗版行为，本社将奖励举报有功人员，并保证举报人的信息不被泄露。

举报电话：（010）88254396；（010）88258888

传　　真：（010）88254397

E-mail：　dbqq@phei.com.cn

通信地址：北京市万寿路 173 信箱

　　　　　电子工业出版社总编办公室

邮　　编：100036

读者意见反馈表

书名：网络综合布线技术（第2版）　　　　主编：温 晞　　　　策划编辑：关雅莉　肖博爱

> 谢谢您关注本书！烦请填写该表。您的意见对我们出版优秀教材、服务教学都十分重要。如果您认为本书有助于您的教学工作，请您认真地填写表格并寄回。我们将定期给您发送我社相关教材的出版资讯或目录，或者寄送相关样书。

个人资料

姓名＿＿＿＿＿年龄＿＿＿联系电话＿＿＿＿＿＿（办）＿＿＿＿＿＿（宅）＿＿＿＿＿＿（手机）

学校＿＿＿＿＿＿＿＿＿＿＿＿＿＿＿＿＿专业＿＿＿＿＿＿＿职称/职务＿＿＿＿＿＿＿＿＿＿

通信地址＿＿＿＿＿＿＿＿＿＿＿＿＿＿邮编＿＿＿＿＿　E-mail＿＿＿＿＿＿＿＿＿

您校开设课程的情况为：

本校是否开设相关专业的课程　□是，课程名称为＿＿＿＿＿＿＿＿＿＿＿＿＿＿＿＿　□否

您所讲授的课程是＿＿＿＿＿＿＿＿＿＿＿＿＿＿＿＿＿＿课时＿＿＿＿＿＿＿＿＿

所用教材＿＿＿＿＿＿＿＿＿＿＿＿＿＿出版单位＿＿＿＿＿＿＿印刷册数＿＿＿＿

本书可否作为您校的教材？

□是，会用于＿＿＿＿＿＿＿＿＿＿＿＿＿＿课程教学　　　□否

影响您选定教材的因素（可复选）：

□内容　　　□作者　　　□封面设计　　　□教材页码　　　□价格　　　□出版社

□是否获奖　□上级要求　□广告　　　□其他＿＿＿＿＿＿＿＿＿＿＿＿＿＿＿＿

您对本书质量满意的方面有（可复选）：

□内容　　　□封面设计　　□价格　　　□版式设计　　　□其他＿＿＿＿＿＿＿＿＿

您希望本书在哪些方面加以改进？

□内容　　　□篇幅结构　　□封面设计　　□增加配套教材　　□价格

可详细填写：＿＿＿＿＿＿＿＿＿＿＿＿＿＿＿＿＿＿＿＿＿＿＿＿＿＿＿＿＿＿

＿＿＿＿＿＿＿＿＿＿＿＿＿＿＿＿＿＿＿＿＿＿＿＿＿＿＿＿＿＿＿＿＿＿＿＿

您还希望得到哪些专业方向教材的出版信息？

＿＿＿＿＿＿＿＿＿＿＿＿＿＿＿＿＿＿＿＿＿＿＿＿＿＿＿＿＿＿＿＿＿＿＿＿

感谢您的配合，可将本表按以下方式反馈给我们：

【方式一】电子邮件：登录华信教育资源网（http://www.hxedu.com.cn/resource/OS/zixun/zz_reader.rar）下载本表格电子版，填写后发至 ve@phei.com.cn

【方式二】邮局邮寄：北京市万寿路 173 信箱华信大厦 1101 室　职业教育分社　（邮编：100036）

如果您需要了解更详细的信息或有著作计划，请与我们联系。

电话：010-88254591